가슴이 뛰는 방향으로
청춘로드

3360시간 동안의 멕시코 자전거 여행

가슴이 뛰는 방향으로

청춘을

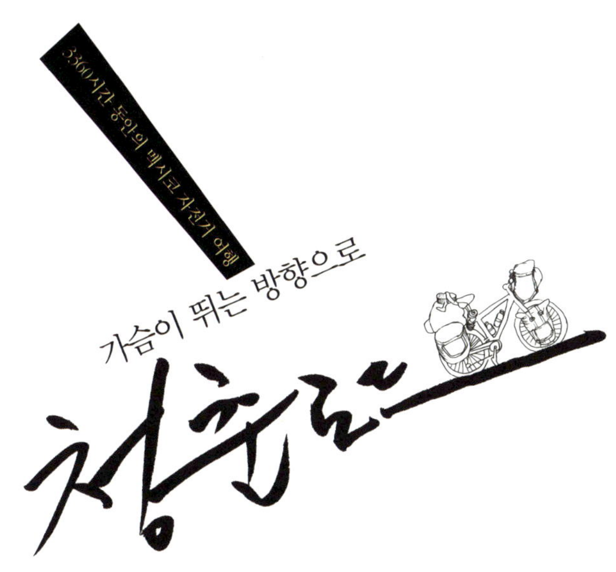

글·사진 문종성

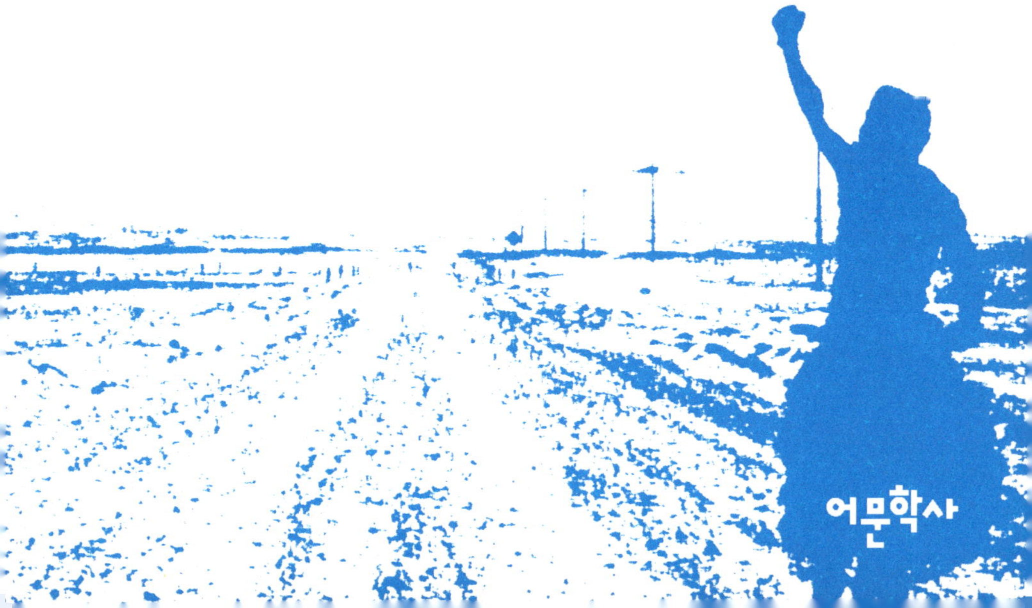

어문학사

Do all the good you can.

By all the means you can.

In all the ways you can.

At all the times you can.

To all the people you can.

As long as you can.

John Wesley

Log in — 유치뽕이 된 서툰 사랑

중앙아메리카의 위험한 낙원, 멕시코.

멕시코 자전거 여행에 대한 동기 부여는 고스톱 치다 얻은 게 아니다. 그냥 그렇게 흘러가야만 하는 운명 같은 것이었다. 내가 가야겠다고 생각하기 이전에 그 땅은 나를 맞을 준비를 하고 있었고, 내가 떠났다고 생각한 이후에 그 땅은 특별한 기억으로 찾아와 있었다.

멕시코에 대한 매력도 위험도 알지 못한 채 내가 달려간 이유는 단 하나, 모험에 대한 도전 본능 때문이다. 두려움 없는 20대, 수많은 평전들을 읽어가면서 누구나 삶의 시작은 작았음을, 신념을 더한 결단이 한 사람의 인생을 변화시키고, 그가 속한 공동체를 더 나은 미래로 이끈 위대한 삶의 기록들을 보았다.

하지만 나는 위대한 삶에 주목하지 않았다. 그것은 결과

론적인 문제일 뿐이다. 대신 오피니언 리더로는 도무지 어울리지 않는 그 시대 한 인간의 작고도 조용한 맨발의 꿈들을 보았다. 누구도 기대하지 않았던, 때론 서릿발 같은 불신과 냉소의 장벽에도 지혜의 외투를 두른 따뜻한 한 걸음에서 새로운 역사가 잉태되는 거룩한 환희에 전율이 일었다.

그날을 기억한다. 스스로에게 부끄럽지 않은 삶을 살겠다고 다짐했던 20대의 케케묵은 여러 날들 중 특별했던 그 밤, 그 분위기, 그 열정과 감격을. 문장 사이사이에서 요염하게 흐느적거리는 활자들이 뛰어난 삶이 아닌 특별한 삶을 살도록 유혹하는 그 교태부리던 몸짓들을.

그때 결심했다. 아무것도 시도하지 않은 채 그저 남들이 그런 듯하게 확신 없는 동의를 얻어 짜 놓은 소셜 매뉴얼을 따라 프로세스를 밟지 않으리라. 모험 없는 삶은 삶을 버리는 모험이라 하지 않았던가. 아무것도 시도하지 않는다면 인생은 도대체 무엇인가? 젊음은 저지르라고 있는 것이라는 앨빈 토플러의 말은 철없는 청춘에게 용기가 되고 진리가 되어 가

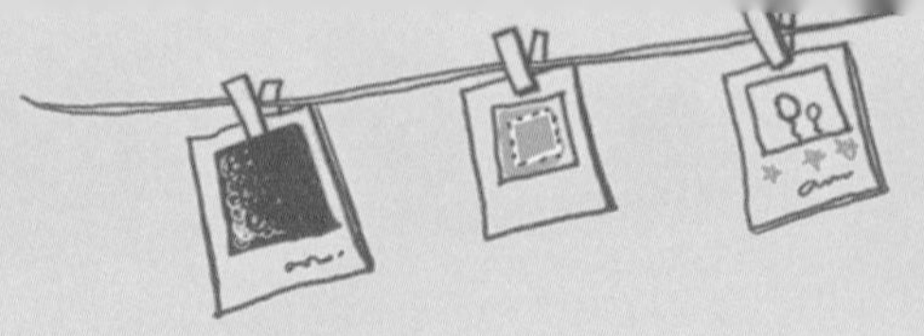

슴에 박혔다. 나는 결코 시니시즘cynicism주의가 아니다.

폿대 하나만 있어도 장렬하게 타오르는 청춘의 심장은 열렬히 꿈을 꾸고, 신나게 도전하고, 뜨겁게 사랑하고 싶었다. 이것이 20대를 보내는 나의 가장 큰 소망이었다. 그래서 전진했다. 앞만 보며 달려갔다. 더 화려하고, 더 짜릿하고, 더 자극적인 감정만 쫓아갔다. 꿈보다 낯선 세계를 그 이름도 영롱한 청춘의 이름으로 부딪혀 보고 싶었다.

하지만 관광지의 화려한 건축물 뒤편에 햇빛조차 들지 않는 집에 눈을 돌리고, 밤하늘 별들의 운행만큼이나 길가에 핀 작은 들풀에 경외감을 가지게 되었을 때 비로소 내가, 지금, 여기 여행의 길 위에 있다는 걸 알게 됐다.

여러 번 달이 차고, 해가 기울수록 여행의 의미를 다른 것이 아닌 나 자신으로부터 찾기 시작하게 되었다. 화려한 네온사인과 특별한 먹거리, 거대한 마야 유적에만 국한되던 여행의 시선을 낡고 비루한 곳으로 돌리니 그곳에서 만난 이야기가 공감각적 감성을 건드렸다. 전혀 낯선 문화와 풍경, 그리

고 존중됨이 마땅한 서로 다른 가치관들 속에 섞이며 생경스런 장면들이 익숙해질 때쯤 나는 이 모든 상황들을 놀라워하기보다 감사함으로 대신하고 있었고, 타인의 이야기에 가만히 귀를 기울이고 또 그만큼 마음의 키는 한 뼘 더 자라 있음을 확인했다.

멋진 장면을 안겨 준 시간들에 감사한다. 그리고 나를 깨우친 시간들은 더욱 사랑한다. 이제 손님과 친구, 망각과 추억, 절망과 희망, 분노와 용서, 이해와 사랑을 오가며 보낸 뜨거운 여로는 내 인생 가장 아름다운 일기로 남아 있다.

북서쪽 티후아나에서 남동쪽 체투말까지 넉 달 하고도 반이 더 얹어진 시간, 4천에 8십 킬로미터를 더한 거리에는 다시 없을 그리움으로 가득하다. 서툴게 사랑했기에 자연스레 다가서지 못한 아쉬움, 철없이 달려왔기에 온통 유치하게 채색된 스토리. 비록 남들에 비해 남루한 추억일지 몰라도 멕시코 자전거 여행이라는 꿈을 펼칠 수 있게 용기를 북돋워 준 '젊.은.반.란!'

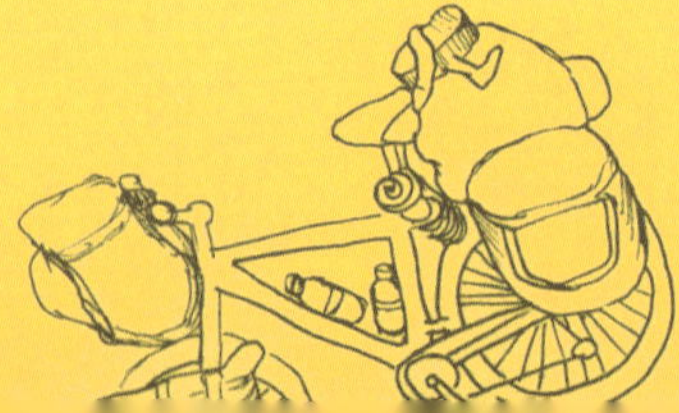

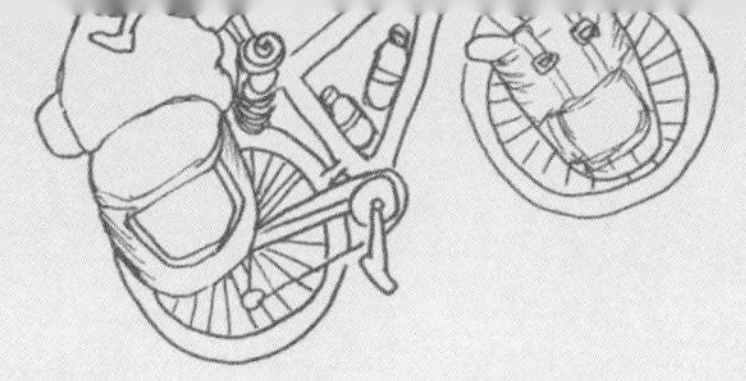

　혼자 떠났지만 혼자가 아니었던 곳, 단 한 번 시선의 교감 속에서도 친구가 될 수 있었던 열정의 나라 멕시코. 우왕좌왕 좌충우돌 무대책으로 사고만 일으켰던 멕시코 땅에서 난 내가 바라는 꿈만큼 그들이 소망하는 꿈이 이뤄지길 기도한다. 그리고 더 행복하기를 진심으로 바라마지 않는다.

　이 얘기를 그때 그 사람들에게 해줬더라면. 사랑을 말하는 데 조금만 더 용기를 냈더라면. 뒤늦게 감상에 젖은 난 지금도 멕시코를 서툴게 사랑하나 보다. 그래서 한 번 더 가고 싶다. 청춘이 다 가기 전에, 내 부족한 사랑을 채우기 위해……. 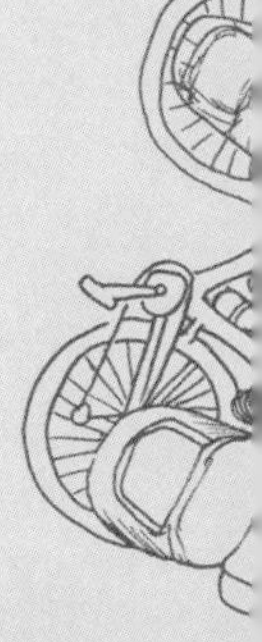

　푸르른 자연 속에 한 점 풍경이 되는, 어떤 교통수단보다도 느리지만 어떤 교통수단보다도 빨리 현지인의 마음속에 들어갈 수 있었던 자전거 모험. 계속된 고난과 도리 없는 모진 외로움의 멍에를 지고 떠난 청춘빙링의 길. 여기 내 꿈과 낭만이 시큼한 청포도마냥 알알이 여물어 있다. 🚲

Contents

PART 1
북부 멕시코
예측불허 상황들 앞에 펼쳐지는 시련의 연속

라틴 속으로 자전거를 밀어 넣다   18
공포야화, 날 겨눈 한밤의 칼   34
매혹적인 사막에서 폭풍설사!   48
너의 인생 아름답기를...   62
나의 스승은 5불짜리 수리공입니다   72
폐.가.망.신.(廢家亡身)   88
얍삽한 외침 VS 오싹한 포효   102
도난당하니, 마음이 아프다   114

PART 2
중부 멕시코
여행, 외로운 감정과 사랑의 온기에 익숙해지기

기차 타고 떠난 맛 따라 길 따라   136
사랑의 온기로 가득한 사람들   162

얌체 상인에 대처하는 여행자의 자세　182

하늘이 무너져도 솟아날 구멍은 있다　190

탐닉하고 싶다, 내게서 멀어진 것을　206

크리스마스에는 사랑을　222

키스를 부르는 거리　232

매운 코코넛에 담긴 아이들의 꿈　248

에헤라디여, 귀신 타령　258

남부 멕시코

여행의 마무리 즈음 시작되는 진짜 여행

보는 게 남는 거야　272

지나치지 못한 사람들　298

늘 이런 여행이면 좋겠다　316

행복합니다　330

치첸이사, 게으르게 구경하기　348

혼자 여행하면 바보 되는 유카탄　360

나의 열정은 Passport에 찍히지 않는다　376

MEXICO

티후아나
Tijuana
멕시칼리
Mexicali
소노라 사막
Sonora Desert
에르모시요
Hermosillo

청춘이여,
평범함에 화를 내라!
일탈도, 미친 도전도
하고 있지 않은 것도,
그대, 젊음을 그렇게 유기할 생각인가?

PART1

북부 멕시코

예측 불허 상황들 앞에 펼쳐지는 시련의 연속

라틴 속으로 자전거를 밀어 넣다

● ● ●

Hola, Mexico!

나 같은 범인凡人은 흔히 이런 환상에 빠진다. 멕시코 땅을 밟자마자 카우보이 클럽 모임이나 될 법한 시끌벅적한 선술집의 문을 밀치고 들어간다. 일단 시선에서 자유롭고 어둠이 머무는 구석에 자리를 잡는다. 의자에 깊숙이 기댄 채 마리아치Mariach들이 솜브레로(에스파냐, 미국 남부, 멕시코 등지에서 쓰는 중앙이 높고 챙이 넓은 모자)를 쓰고 판쵸의를 입고선 기타론guitarron과 비우엘라Vihuela, 만돌린Mandolin, 하프harp를 맛깔나게 연주하는 공연을 감상하며 웨이터를 부른다. 들리는 단어라곤 세뇨리따와 아모르, 그리고 추임새로 들어가는 아미고뿐이지만 애써 이 분위기에 동화되려 고개를 주억거린다.

주머니 사정으로 고급 요리는 무리지만 나는 격식을 차리기 위해 타코taco에 코카콜라 라이트를 한 잔 주문한다. 이윽고 테이블에 정갈하게 세팅된 타코를 한입 베어 물며 느긋하게 그들의 또 다른 무대를 주시한다. 옆 테이블에는 땀에 절인 주급으로 자신의 고단함을 가리고자 거만하게 시가를 문 배불뚝이 남정네가 있고, 그의 사정을 모르는 척 헤픈 웃음으로 주머니를 홀리는 빨간 입술의 요부가 요란을 떤다. 창가 햇살이 날카롭게 파고드는 다른 테이블에선 거친 황야의 냄새가 물씬 풍기는 사내들이 공연은 뒷전인 채 테킬라만 연신 들이키며 트럼프 놀이에 열중이다.

하지만 여기서 필름이 끊긴다. 영화나 TV로 보던 멕시코에 대한 기대치가 더 이상 상상의 나래를 펴지 못한다. 그렇다면 하는 수 없다. 직접 내 발로 들어가 보리라. 나른한 오후 소파에 기대 늘어지게 하품이나 하며 신밧드의 모험을 보느니 모험 속 주인공이 되어 보는 편이 더 짜릿하지 않을까? 예측불허의 여행길이 그렇고 그런 예상가능한 범위 내의 인생에 안주하려는 지친 나를 일으켜 세운다.

6개월 전 나는 이미 애마 로페카Ropeca와 함께 뉴욕을 출발했었다. 히브리어로 '위로하는 자'라는 뜻의 로페카는 함께 길을 만드는 길동무이자 내 푸념에도 항상 곁에 있어 주는 지혜로운 말동무이기도 하다. 고대로부터 전해지는 지혜의 뜻은 들음에서부터 시작한다고 하지 않았던가.

녀석의 등에 올라타 아메리카 대륙을 횡단하며 광활한 북미의 대자연과 상냥한 사람들과의 만남에 매료되었다. 아침에 눈을 뜨면 "오늘은 또 누굴 만날까?", "이번엔 또 무슨 일이 벌어질까?" 매일매일 기대 되는 시간이었다. 타이어가 훑고 지나는 길에 누군가의 시선이 꽂히고, 그 손이 나를 멈추어 세우고, 다시 그 입술이 나를 부르면 우린 어느새 같은 공간, 같은 시간을 공유하며 서로의 삶을 나누는 친구가 되어 있었다.

그 길을 멈추지 않았다. 나는 멕시코를 기대했다. 미국에서의 감흥은 도화선일 뿐 환희의 폭발은 멕시코에서 일어날 것만 같은 묘한 확신이 들었다. 하지만 설레발도 잠시. 밤새 컴퓨터 앞에서 열 올리며 멕시코에 관한 정보를 수

집하던 중 난관에 봉착했다. 현지에 거주하는 이들이 압도적인 비율로 멕시코 자전거 여행을 말렸다.

납치 공화국, 마약 카르텔, 부패한 경찰, 그리고 여행자를 대상으로 하는 사기와 강도, 도적질에 장기 매매까지……. 멕시코를 자전거로 여행하는 것에 대한 고집은 9회말 2사 역전 만루위기 상황에서 추신수에게 한복판 평범한 직구를 던지겠다는 특급 공포 상황과 다를 바 없다. 확인되지 않은 무성한 소문들이 판단력을 흐리게 만들었다. 내용이 틀리지 않다면 용광로에 다이빙하는 격이다.

멕시코란 나라를 알면 알수록 정신이 혼미해지고 다리가 풀릴 지경이었다. 도무지 어떻게 헤쳐 나가야 할지 막막했다. 더구나 나는 스페인어 한 마디도 못하는 풋내기이다.

하지만 좌절엔 부처님의 자비도 없는 법이요, 절망으로는 물고기 한 마리 낚지 못하며, 포기는 배추 셀 때나 쓰인다. 인생에서 기회란 '이번이 아니면 평생 해 볼 수 없는 것'을 뜻하는 심리학 용어인지도 모른다. 뒤집어보면 갖은 비판으로 핏대를 세우던 그들이 언행불일치를 해 가면서까지 그곳에 머무는 데는 분명 수상한 매력이 있으리라.

부푼 설렘을 안고 샌디에이고로부터 사뿐히 넘어온 국경. 수수료 23달러를 주니 여권에 기분 좋게 180일 체류 스탬프가 찍힌다. 단 몇 발자국을 사이에 두고 윗동네와 아랫동네의 풍경은 극명하게 대조된다. 마치 20년의 시간을

멕시코 첫 관문도시인 티후아나의 저녁

티후아나, 대로변에 펼친 노점 시장

뒤로 걸어온 느낌이다.

'환영합니다bienvenodos.'

드디어 멕시코다!

나는 앨빈 토플러의 격려대로 저지르고야 말았다. 멕시코 첫 관문도시 티후아나Tijuana. 그런데 여기 보통내기가 아니다. 항만에 공단에 게다가 국경까지 인접해 있다. 치안이 불안한 세 가지 요건을 완벽히 갖추고 있는 멀티 슬럼 지역이다.

마른 공기를 깊이 들이마신 후 눈치를 살핀다. 두리번거리는 모션만으로도 꽤 많은 정보가 입력된다. 발전의 속도에 미치지 못하는 낮은 삶의 질, 도시 외곽으로 갈수록 확연해지는 빈부격차, 다 쓰러져 가는 집에 사는 사람들과 마음까지 무너져 생의 의욕을 상실한 듯 절망에 기댄 얼굴들…….

수거가 불분명한 노동자들이 밀려드는 통에 나라에서 복지 혜택도 제대로 받지 못한다. 불편한 장면을 애써 외면하려고 해 보지만 마음의 눈까지 가릴 수는 없다. 주변 상황은 둘째치고 이 정도면 안전이 심히 염려된다. 참호 속에 무신론자 아닌 사람 없고, 여행 중에 로맨티스트 아닌 이 없건만 이 몸 과연 여기를 무사히 빠져나갈 수나 있을지.

그렇다. 나는 지금부터 감사하기로 했다. 일어나지 않은 상황에 대한 걱정을 퉁기보다 상황을 뛰어넘는 감사로 모든 난관을 이기리라. 안전에 대한 지금의 염려도 내가 떠났기 때문에 할 수 있는 것. 어떤 이는 익숙한 자리를 떠나

안전을 염려할 기회조차 주어지지 않는다. 그깟 삼진이 두려워서야 어찌 홈런을 치겠다 말하겠는가? 낭만적인 개척자가 되어 멕시코를 휘젓는 나는야 구제불능 몽상 여행가(라 쓰고 그냥 가난한 무전 자전거 여행가라고 읽는다)!

변압기. 그런 느낌이다. 국경을 두고 샌디에이고와 마주한 티후아나의 첫 인상은 그랬다. 이곳은 단순히 건조하게 지도상 구역을 나눈 미국과 멕시코의 경계 도시가 아니다. 서로 다른 언어와 화폐가 공존하며 급속한 문화충돌의 중심에서 완충작용을 해내는 곳이다. 이곳을 가격이 저렴한 휴양지로 생각하는 미국인과, 아메리칸 드림을 향한 관문으로 여기는 멕시코인이 같은 공간을 활보하고 있다.

새로운 풍경 속에 가장 먼저 눈에 들어오는 건 역시 그들의 표정이다. 눈빛에 기름기를 쫘악 발라 놓았는지 느끼함에 시선을 맞추기조차 부담스럽다. 그런데 할리우드 영화에 나오는 악당 이미지 때문일까. 조금만 비틀어보면 또 그 눈빛에 상당히 얍삽한 사기꾼의 피가 흐르고 있다는 근거 없는 확신이 생기기도 한다. 멋드러진 올백 머리에 세심하게 다듬은 콧수염, 칼주름을 잡아 놓은 바짓단과 정갈한 빛깔로 스타일을 마무리 하는 백구두white shoes.

물론 전혀 외관에 신경쓰지 않는 부류들도 많다. 고운 결 흩날리는 장발과 잘록한 뒤태에 강렬한 눈빛을 꽂아보지만 돌아서는 모습에서 수염을 발견하고 혼비백산할 때도 있고, 개성 강한 집시문화를 표방하며 길거리를 배회하

멕시칼리 국경 지역, 그래피티(graffiti)
단순한 창작 예술을 넘어 메시지를 담은 갱단들의 영역 싸움의 장이 되기도 한다.

는 사람은 알고 보면 진짜 거지인 경우도 적지 않다. 오히려 남자들보다 여자들의 꾸밈새가 그디지 두드러지게 보이지 않는 것은 아름다워지고 싶은 욕망에 대한 해갈은커녕 먹고 살기에도 고단한 삶이어서 그런 걸까. 비록 그들의 생활은 얼기설기 놓인 전깃줄처럼 보이지만 이들에게도 가슴속에 깃든 작은 꿈이 있으리라. 앞으로 이들과 얼마나 조화를 이루며 지낼 수 있을까? 멕시코 여행의 관건이다. 🚲

몽상 여행가의 망상

'잘 해내겠지?'

새로운 사람에 대한 설렘과 낯선 변화에 대한 두려움이 함께 뒤섞인다. 10월 30일, 서머 타임 해제로 이주부터 시간이 한 시간 늦어졌다. 그래서 아침과 저녁식사를 평소보다 한 템포 빨리 잡아당긴다.

100달러 환전하니 1,000페소 조금 넘게 나온다. 방향과 목적지를 가늠하기 위해 도로 지도를 구입하려 했는데 간단히 전국 도로만 표기되어 있는 책자가 170페소란다. 먹고, 자고, 유희를 즐기는 데 하루 5달러 이하로만 쓰기로 야심차게 작정한 자전거 여행자는 초장부터 일이 꼬인다.

'길을 잃어버리는 것도 자전거 여행만의 매력인데 뭘……' 하며 푸른 하늘이라도 끌어안을 대인배의 아량이 내심 뿌듯하다. 그러면서 씩씩대는 콧바람의 열기는 슬쩍 모른 체해 본다. 삼키는 마른 침이 괜히 쓰다.

건강과 안전, 이후 여정에 대한 맡김을 두고 간단히 기도하는 것으로 출정식을 갈음한다. 깊은 날숨과 들숨의 반복을 마치고 드디어 페달을 밟고서 도로를 밀쳐 나간다. 새롭게 시작하는 여정에 무거운 짐들이 즐비하다. 8개에 이르는 가방엔 살아남기 위한 필수품과 살아가기 위한 소모품 들이 잔뜩 들어 있다. 먹고, 입고, 자는 내 삶의 방법이 자전거 위에 모두 올려져 있는 셈이다.

달뜬다. 말과 문자라는 불완전한 도구로는 내 두근두근대는 마음을 온전히 설명할 길이 없다. 마냥 좋다. 좋고, 기쁘고, 사랑스럽다. 지금 나는 예쁜 유치원 선생님을 만나러 가는 다섯 살 아이의 미소를 닮아 있고, 한국시리즈 7차전 결전의 날을 앞두고 경기장에 가는 골수팬의 심장을 닮아 있다. 또 오늘 하루가 다신 올 수 없을 최고의 날들을 위한 시작이란 걸 알고 있다. 그래, 나는 사막의 밤하늘, 그 쏟아지는 별빛 아래 모닥불을 켜 놓고, 바비큐를 구우며, 기타를 연주하는 외로운 몽상 여행가가 되는 것이다. 이토록 감격적인 미래가 내 앞에 펼쳐져 있다니. 이제 시작한 여행인데 벌써부터 그리워지기 시작했다. 오, 신이시여! 진정 나에게 이런 축복이 쏟아지는 건가요? 더는 감상적일 수 없는 센티멘털리즘sentimentalizm에 취한 난 감동의 눈물을 흘리고 있었다. 쉿, 고글 안으로 모래먼지가 들어와 그랬다는 건 그냥 모른 체하자.

시크한 화물트럭 운전사들

근래에 발전을 거듭하며 상황이 많이 나아졌다고는 하지만 아직 멕시코의 도로 여건은 좋은 편이 아니다. 더구나 티후아나와 멕시칼리를 연결하는 유일한 하이웨이인 2번 도로는 왕복 2차선 구간이다. 좁은 도로인 까닭에 트레일러나 버스 등이 겹쳐 지나갈 때마다 1m 안팎의 자리다툼이 치열하다. 대개

는 먼저 피하는 게 상책인지라 자전거를 도로 바깥으로 옮긴다. 그마저도 허용되지 않는 협소한 도로에서는 자전거에서 내려와 도로 끝에 다소곳이 피해 있는다. 지나가는 화물트럭 운전사들이 한국에서 온 이상한 자전거 여행자의 사정 따위 알아줄 리 만무하다. 그들은 도로의 무법자. 저 멀리 개미 발가락만 한 점이 점점 거대해져 지축을 흔들며 매머드급 몸체로 나에게 다가올 때 느껴지는 그 위압감이란 삶이란 이리도 허무하게 마감할 수 있는 거로구나 생각하게 한다. 트럭의 덩치와 속력에 비례해 읊조리는 독백의 내용도 조금씩 바뀐다.

"진도 3. 이건 진도 2.5. 오호, 이번 건 진도 4는 되겠는 걸?"

도로에 혼자 남아 할 수 있는 싱거운 놀이다.

이때 먼지바람이 회오리치는 어지러운 틈을 타 한 무리가 위협을 가한다. 낯선 방랑자의 퀘퀘한 냄새를 맡은 정체 모를 개들이다. 녀석들은 누가 포악한 성질 아니랄까 봐 철조망을 따라 시퍼런 송곳니를 드러내며 달려온다. 그래봐야 철조망 안에 갇힌 신세다.

약 올리는 데는 사람이고 동물이고 혀를 날름거리는 것만한 게 없다. 세 치 혀로 한껏 약을 올리고선 도포자락 휘날리는 양반이 되어 느긋하게 달린다. 약 오르면 어쩔 거냐며, 따라와 봐야 너희만 지친다며. 하지만 나는 곧 사색이 되었다. 녀석들이 내게로 돌진해 온다. 이럴 수가! 철조망 끝에 구멍이 나 있다. 맹렬하게 쫓아오던 녀석들은 조금의 드팀새도 없이 약 오르면 널 나의

앙칼진 이빨과 발톱으로 할퀼 거란 심히 표독스러운 얼굴로 사방에서 기세를 올린다. "어멋!" 화들짝 놀란 나의 발은 진동모터가 된다. 순간 균형을 잃을 뻔하고, 나는 비분강개하는 개님들의 역정에 당황해 식은땀이 흐르기 시작한다.

"아, 글쎄 미안하다구!"

공허한 메아리가 처연해지는 순간이다.

트럭이 전세 내다시피 한 도로를 짐 무게에 휘청거리는 자전거로 가는 건, 들소 떼의 대이동에 거북이가 멋모르고 동참하는 격이다. 그래도 간간이 힘내라고 큰소리로 격려해 주는 사람들의 반응에 입꼬리가 올라가고 힘이 난다. 나에게 미소 지으며 손을 흔드는 사람들에게 다가가서 그 손에 내 손을 얹어 반갑게 인사한 후 마주하는 시선으로 그들의 이야기와 나의 이야기를 나누고 싶다. 하지만 아직 마음의 문이 활짝 열리지 못했다. 국경 도시에서만큼은 조심해야겠다는 생각에 사람들과의 교제는 적응된 후로 미룬다.

오후였다. 점점 고도가 높아지는 동시에 건조해지는 야트막한 언덕길을 올라가는데 화물트럭들이 열을 지어 멈춰 있었다. 전봇대로부터 풀린 전선이

끝없이 펼쳐지는 광야, 소노라 사막

도로에 낮게 내려와 차들이 지나가지 못하는 것이다. 전깃줄 하나에 덩치 큰 화물트럭들이 꼼짝 못하는 장면이란…….

재미있는 상황에 가볍게 웃어넘긴다. 운전사들은 차에서 내려 여기저기 살피더니 방안을 모색 중이다. 아마도 우리네처럼 전력공사 기술자를 기다릴 것이다. 잠시 학교 건물에 들어가 휴식을 취하며 콜라로 목을 축였다. 10여 분 정도 흘렀을까. 육중한 차들이 다시 엔진소리를 내기 시작했다.

'어찌된 영문이지? 이렇게 빨리 외진 곳으로 복구차가 온 건가?'

궁금해서 나가보았다. 전깃줄이 싹둑 잘려 있었다. 운전사들은 별일 아니라는 듯 아무렇지도 않게 그냥 차에 올라타 떠나고 있었다. 와우, 이렇게 손쉬운 해결이라니. 참 시크하다. 이번엔 황당한 웃음이 나온다. 운전으로 생계를 책임지는 가장들의 예민한 부담감이었을까. 그들로선 거치적거리는 전깃줄 하나 때문에 밥줄이 끊길 수는 없는 노릇일 테다. 운전사들 사이에 침묵의 카르텔이 있었으리라. 법보다 앞서는 편의주의에 아무도 토를 다는 사람이 없다.

제 길을 낸 트럭들은 오징어 먹물 싸 듯 짙은 연무를 내뿜으며 훌쩍 달려갔다. 그 뒤로 배기가스를 뒤집어 쓴 내가 묵묵히 자전거를 밀며 걸어간다. 그러다 트럭의 이동이 뜸해진 틈을 타 다시 안장 위에 오른다. 그제야 맘 편히 얼굴에 묻은 온갖 잡스러운 매연들을 바람에 씻어낸다. 하지만 다시 안장 위에서 내려온다. 저 뒤편에서 트럭들이 연이어 달려온다. 그리고 트럭이 지나갈 때를 맞춰 숨을 꼭 참아본다. 라틴의 공기를 폐부 깊숙이 머금은 채. 🚲

공포야화, 날 겨눈 한밤의 칼

수상한 차량

멕시코 북서부에 위치한 바하 캘리포니아의 주도 멕시칼리Mexicali 가는 길. 이미 지평선은 소슬한 가을바람 끝에 걸린 홍시처럼 붉게 물들어 있었다. 그것은 낭만인 동시에 길을 어서 재촉하라는 위급신호다. 멕시코 북부 지역에서 절정의 인기를 누리고 있는 맥주 테카테Tecate를 가볍게 튕겨주고 콜라 한 캔의 시원함에 기대 폭염 속을 돌진한다.

하루 종일 80km를 달렸고, 이제 20km만 가면 다시 제법 큰 마을이 나타난다. 얼마 안 가 태양은 마지막 붉은 선혈을 토해내고 대지 아래로 잠몰한다. 어둑하게나마 시야는 확보되었지만 서둘러야 했다. 멕시코 국경지대에서 불한당들의 출몰에 대한 경고를 수도 없이 듣고 또 뵈왔기에 정신 바짝 차리고 달려야 했다.

얼마쯤 달렸을까. 시가지를 용감하게 벗어난 후 외딴 도로에 섰다. 어둠 속에서 충분한 빛을 끌어모으기 위해 게슴츠레 고양이 눈으로 전진했다. 언덕 전방에 승용차 한 대가 세워져 있는 것이 보였다. 낡은 차체에 후미등까지 꺼진 걸로 보아 폐차일 가능성이 농후하다. 지나오면서 이미 그러한 차량들을 보아왔던 터다.

차량을 주시하며 속도를 줄였다. 그리고 반대 차선으로 넘어가 달렸다. 주변에 인적이 없는 곳에 세워진 차량 한 대, 뭔가 수상쩍었지만 나도 갈 길이

바쁜 몸이다. 검푸른 하늘에 하나둘 별들이 얼굴을 내밀며 찬바람을 불러낸다. 빨리 숙소를 구해야 한다. 차를 지나치면 전속력으로 달릴 생각이었다. 새가슴 담력이 아닌 돌다리도 두드려 보고 건넌 것이라고 자신 있게 합리화 시킬 수 있는 행동이다.

하지만 왜 나쁜 예감은 틀림이 없는 걸까. 순간 운전좌석 쪽 문이 열리는 게 보였다. 가슴이 철렁했다. 30m 정도 전방이다. 낯선 사내가 차에서 내렸다. 그와 눈이 마주쳤다. 이성을 잃은 채 순전히 본능만으로 핸들을 돌렸다. 날카로운 시선이 안락을 도려내는 순간 이미 몸의 모든 균형은 반대편으로 돌아서 있었다. 습격에 무방비인 상태에서 우선은 도망치는 게 급선무다.

오르막을 올라왔기에 다행히 반대 방향은 내리막이었다. 자전거는 손을 떠난 화살처럼 튀어나갔다. 인적이 드문 도로, 야심한 시각에 후미등까지 꺼져 있던 치량, 가까이 접근하자 갑자기 문이 열리는 차. 자전거에 여러 물건과 현금까지 있었고 더욱이 방어할 무엇도 없었기에 입맛에 딱 맞는 먹잇감일 수밖에 없다.

그가 강도인지 아닌지 확신할 수는 없다. 하지만 불안한 확률을 움켜쥔 채 도박을 감행하고 싶지는 않았다. 내리막에서 세찬 바람을 밀어내며 그렇게 얼마간 정신없이 페달을 밟았다. 수킬로미터를 달려와 들판 위에 달랑 한 채 남겨져 있던 집으로 무작정 뛰어 들어갔다. 사람의 흔적이라곤 찾아보기 힘든 다 허물어진 판잣집이었다. 하지만 뭔가를 고려할 상황은 아니었다. 🚲

다정하게 날 맞아준 루이스 가족

● ● ●

루이스와 야하이라

"이봐요! 거기 누구 없어요?"

다급한 소리는 폐가를 연상시키는 집 안 구석구석으로 빠르게 흘러들어 갔다. 심하게 낡아 빠진데다가 근처에 보이는 집이라곤 이곳뿐이니 사람이 살지 않는다고 해도 전혀 이상할 게 없었다.

조금 뒤 한 여인과 두 아이가 호기심을 참지 못하겠다는 표정으로 모습을 드러냈다. 그들을 보자 일단 안심이 되었다. 최소한 강도라고 의심되는 자들의 손아귀에 걸려들 일은 피한 것이다. 날은 이미 어둑해졌다. 한눈에 봐도 다 쓰러져 가는 허름하기 그지없는 집. 하지만 나에게 더 이상의 선택권은 없었다.

아픈 오른 무릎을 빌어 가던 길을 20km나 더 갈 수는 없는 노릇이다. 경계보다는 호기심 어린 눈으로 바라보는 가족에게 일단 해맑게 인사한 후 스페인어 회화책을 꺼내 들었다. 한 문장 말하고 다시 대화가 이어지기까지 적잖은 침묵이 있었지만 그들은 생경스런 외국인의 등장이 신기한지 연신 웃어 보일 뿐이다.

"저 도로, 위험해요. 강도 같은, 무서운 남자. 나, 도망 왔어요. 다시 갈 수 없어요. 그래서 하룻밤, 잠, 머물러도 될까요? 날씨, 춥다. 이미, 그리고 어둡다."

회화책의 문장과 단어, 그리고 바디랭귀지를 조합한 대화는 다행히 가까스

로 그들을 이해시켰다. 결국 내 말을 이해해 준 여인의 허락을 얻어 거실에서 자기로 했다. 땅으로 된 맨바닥이다. 냉기가 도는 지면이라 여인이 매트리스와 침낭을 가져다 준다. 드문드문 난 누런 치아를 보이며 웃는 그녀의 주름진 얼굴에서 온기가 느껴진다.

잠 잘 곳이 마련되자 여유를 가지고 털썩 의자에 앉아 바라보니 그제야 '씨 Sí' 만 연발하던 여인의 아들 루이스Luis와 딸 야하이라Yajaira가 아까보다 더 잘 눈에 들어온다. 손톱에 때가 꼈다. 옷차림은 구질구질하다. 머리도 오래 감지 않은 듯 푸석푸석하다. 하지만 수줍어하며 시선을 맞추는 녀석들의 눈은, 뭐랄까, 모든 것이 엉망진창 진흙으로 보이나 아이들은 그 속에 피어난 한 송이 연꽃처럼 촉촉하게 빛나고 있었다.

"라면 좀 먹을래요?"

가방에서 라면을 꺼내 들었다. 이제서야 먹을 걸 챙겨야겠다는 생각이 들 정도로 경황이 없었다. 마음이 안정되자 이내 극심한 허기가 찾아온 것이다. 그들의 호의에 답례할 수 있는 건 그저 라면을 같이 나누어 먹는 것 밖에 없었다.

"우린 이미 저녁을 먹었는 걸요. 괜찮아요."

성의이자 고마움의 표시로 내게 마지막으로 남아 있던 비상식량인 라면 3개를 그들에게 주었다. 가진 것이 많지 않아서 더 풍성하게 나눌 수 없는 자전거 여행자는 그저 아쉬울 뿐이다.

버너도 가스레인지도 없는 궁색한 살림에 라면을 끓이겠다고 호들갑이니

괜한 미안함에 짐짓 웃어 보인다. 낭패감으로 어쩔 줄 몰라하는 내 행동이 우스꽝스럽고 처량해 보였는지 여인이 손가락으로 구석을 가리킨다. 다행히 부엌 한쪽에 아직 불씨가 살아 있는 숯들이 있었다. 저녁식사로 사용한 흔적이다. 불길이 약해 장담할 순 없었지만 숯불을 도구 삼아 라면을 끓이기로 했다. 그런데 기우였다. 놀랄만큼 잘 익은 멋진 비상식량이 되었다. 마파람에 게눈 감추듯 맛있게 먹었다. 후루룩 짭짭거리는 내 곁에서 여인과 두 남매가 킥킥거리며 자리를 지키고 있다. 단출한 식사가 끝나자 여인이 그릇을 가져간다. 남은 국물을 개에게 주는 것이 익숙하고 정겹다. 어디에서나 개는 인간의 친구다. 식사 후 달리 할 것도 없고 해서 일찌감치 찬바람 솔솔 들어오는 부엌 땅바닥에 잠자리를 준비했다. 단지 안전하다는 이유만으로 충분히 감사할 수 있었다. 아이들은 수줍게 손을 흔들어 밤 인사를 하고는 어디론가 사라졌다.

아까 그 강도('?)들에게 당했다면? 생각만 해도 끔찍하다. 비록 어쩔 수 없는 상황 때문이었지만 낮에만 다니자는 스스로의 약속을 어긴 것에 반성을 해 본다. 프로는 환경을 탓하지 않는다. 그 환경을 극복하지 못하는 자신을 탓한다. 학습효과 때문에 내일부턴 해가 지기도 전에 알아서 숙소를 찾게 될 것이다. 침낭을 뒤집어 쓴 채 일기를 정리하고는 고단했는지 평소보다 이른 밤 8시에 잠자리에 들었다.

'고단한 하루가 이렇게 끝이 나는구나.'

긴장했던 하루 일정이 끝나자 몸이 노곤해진다. 밤이 내리는 고요함에 귀

 가 열리고, 가만히 어둔 천장을 응시하니 그리운 얼굴들이 뿌옇게 그려진다. 눈을 감으면 그리움이 더욱 선명해진다. 머리를 아예 침낭 속으로 집어 넣었다. 어서 잠이 오기를 바라면서. 그리움은 언제나 벅차다. 🚲

● ● ●

칼을 든 노인의 습격

새근새근 잠이 든 지 얼마 후 인기척에 설풋 잠이 깨었다. 한 노인이 문을 열고 들어왔다.

"올라Hola."

부엌 땅바닥에서 자고 있던 난 졸린 눈을 비비며 먼저 예의상 간단히 인사를 건넸다. 그리고 냉기를 피해 깊숙이 침낭 안으로 몸을 밀어 넣었다. 이번만큼은 예산을 아끼지 않고 300달러짜리 오리털 침낭을 구입한 것은 정말 탁월한 선택이었다. 노인은 인사인지 뭔지 모를 나지막한 혼잣말을 내뱉고는 내 옆을 지나쳐 자기 방으로 들어갔다. 그리고 잠시 후, 다시 나온 노인은 건너편 부엌 불을 켰다. 순간 '쓱' 하며 들리는 날카로운 쇳소리. 뚜벅거리는 발자국 소리는 묵직한 마찰음을 내며 나를 향해 점점 크게 들려왔다. 무의식중에서도 나랑 아무 상관없었으면 하는 생각이 스쳤다.

"이봐."

노인은 엄숙한 목소리로 날 깨웠다. 졸려 감긴 눈앞으로 불빛에 비친 실루엣이 점점 선명해지고 거대해졌다. 순간 뭔가 잘못되었다는 사실을 직감적으로 눈치챘다.

'이건 또 뭐지?'

그의 오른손에 서슬 퍼런 칼이 쥐어져 있었다! 불빛에 반사된 칼의 번쩍거림. 정말이지 단 1초만에 강시처럼 벌떡 일어났다. 이토록 짧은 순간에 정신을 차릴 수가 있다니. 잠자고 있던 세포 수억 개가 놀라 깨어 대공황 상태에 이른 느낌이다.

"어떻게 들어온 거야?"

그는 내게 경계하면서도 위엄 있는 투로 물었다. 하긴 그가 당황할 필요는 없었다. 설령 내가 침입자라고 해도 칼을 쥐고 있는 그에게 모든 주도권이 달려 있다. 아직 상황 파익이 안 된 난 허둥지둥 설명하려고 했지만 돌발 상황에 머릿속이 그만 하얗게 되어 버렸다. 울상이 되었지만 울 수 없는 상황이었다.

'이게 무슨 상황이야, 대체?'

"어허, 움직이지 마."

나는 본능적으로 부르르 떨고 있었다. 긴장이 역력했다. 그는 내게 칼을 더욱 가까이 들이대며 자리에 앉으라고 경고해 왔다. 노인은 일흔이 넘어 보였지만 완력이 그리 허약해 보이지 않았다. 더구나 그는 총이나 여타 무기 습득의 여지가 없는 지금의 상황에서 최고의 무기인 칼을 쥐고 있었다.

 어떻게 해야 좋을지 몰랐다. 태어나서 처음으로 낯선 누군가로부터 생명을 위협받고 있었다. 설마 하면서도 입에 침이 바싹 마르고 오금이 저려 왔다.

그때 마침 루이스와 야하이라의 이름을 적어 놓은 수첩을 생각해냈다. 그리고는 자리에 앉은 채 팔을 뻗어 수첩을 집어 들고서 무작정 둘의 이름만 외쳐댔다.

"루이스, 야하이라!"

"뭐라고?"

"루이스! 야하이라!"

"걔네들을 알아?"

"네! 그들이 저를 여기서 자라고 허락해 주었어요."

그때서야 돌아가는 상황을 알아챘나 보다. 그는 오른손에 쥐고 있던 칼날을 내게서 조용히 거두었다. 내가 불법 침입자가 아니라고 결론지은 것이다. 마치 성난 독을 가득 머금은 코브라가 머리를 돌리는 것과 같았다. 십년감수했다. 꽉 조여진 창자가 갑절로 풀어지고 긴장을 잃은 온몸이 축 늘어졌다.

"그랬던 거로군. 안심하고 편히 자게나. 별일 없을 테니."

'아니 이 사람아, 내가 당신 때문에 지금 심장이 떨려 죽는 줄 알았는데 편히는 무슨?'이라고 항변하고 싶었지만,

"알았어요."

절대강자 앞에서 주눅 든 약자가 할 수 있는 말은 없었다. 수상한 사람을 경

 계하던 내가 졸지에 수상한 사람이 되어 버렸다. 시간은 밤 11시를 가리키고 있었다.

놀란 가슴에 밤새 잠을 이루지 못했다. 도무지 눈이 감기지 않았다. 억지로 잠을 청하려 해도 얼마나 심장이 쿵쾅쿵쾅 뛰었던지 함께 자던 고양이의 미묘한 움직임에도 신경이 곤두서 잠을 설치곤 했다. 초침이 걸어가는 시간은 아득했고, 긴 밤을 혼미한 정신으로 보냈다. 새끼 고양이도 추위가 싫었는지 자꾸 내 침낭 속을 노리며 공동 거주 지역으로 만들려 애썼다. 그래, 들어와라. 옆에서 징징 우는 소리보다 안에서 잠잠한 게 나를 위해서도 좋을 성싶다.

동 틀 무렵, 사람들은 벌써 이른 하루를 시작한다. 평소 같으면 늘어지게 하품이나 할 때이거나 이불을 뒤집어 쓴 채 앙탈을 부릴 때지만 인기척에 바로 일어나 주변부터 정리하고 자전거도 바로 출발할 수 있게 세팅했다. 어젯밤 만난 여인과 아이들을 새벽에 보니 그지없이 반갑기만 하다. 아이들은 지난밤과 다름없이 귀여워 보인다. 내가 미소를 짓자 루이스는 따라 웃는데 야하이라는 부끄러운지 엄마 뒤쪽으로 숨어버린다. 노인은 여인과 몇 마디 얘기를 주고받았다. 그러더니 나를 흘끗 쳐다보고는 고개를 끄덕거린다.

잠시 후, 비로소 오해가 풀렸다. 사실 이곳은 여인의 집이 아니었다. 바로 그 할아버지 집이었던 것이다. 식사를 할 때에는 할아버지의 집을 이용한단다. 차량에는 취사도구나 불이 없으므로. 여인이 그 사실을 미리 말했지만 나로서는 스페인어의 한계로 인해 제대로 이해하지 못했던 것이다. 다만 누가 온

사막에서 수박 반 통은 최고의 식사이자 갈증 해소 음료

다는 것쯤은 눈치 채고 있었다. 그러니 방이 아닌 땅바닥에서 잤던 것이다.

내겐 여인의 미소를 '모든 일이 잘 풀렸다, 매우 친절하다' 라고만 해석한 무지한 죄가 있었다. 자신의 집에 누가 들어온다는 사전 정보가 없었기에 노인은 나를 침입자로 오해했던 것이다. 그럼 여인과 아이들의 집은? 애석하게도 집 뒤에 30m 정도 떨어진 곳에 있는 폐차가 된 캠핑카에서 생활하고 있었다.

새벽 6시. 평소보다 일찌감치 출발 채비를 마쳤다. 사실 충격을 씻기 위해서라도 얼른 빠져나오고 싶었다. 지난밤 하룻밤의 인연으로 얽힌 루이스 가족과 노인과 인사를 주고받으며 길을 나섰다. 여인과 아이들은 여전히 웃고 있었지만 노인은 근엄한 표정을 지우지 않았다. 둔탁한 그의 손을 잡고 인사할 때 느껴지는 아찔함을 무엇에 비유할꼬. 밤새 예기치 않은 충격과 피로가 더욱 몸을 무겁게 한다. 에고, 어쩌자고 여행자 팔자가 이리한지 모르겠다. 정신 없이 나오느라 졸린 눈은 물 대신 찬바람으로 깨워야 했다.

매혹적인 사막에서 폭풍설사!

● ● ● ●

수백만 개 바위들의 초절정 매력

"맙소사, 어떻게 이런 곳이 있을 수 있지?"

도저히 믿을 수가 없었다. 이 주체할 수 없는 흥분을 사자후처럼 토해내자 그 울림은 바람을 타고 돌들을 휘감아 다시 잔물결이 되어 내게로 밀려왔다.

'아니, 정말로 이렇게 멋진 곳이 있다니!'

거듭 감탄해 마지않을 수가 없었다. 수백만 개의 돌들로 겹겹이 쌓인 바위 산과 끝이 보이지 않는 아득한 사막과 오랜 세월 동안 풍화작용을 받아 이루어진 기이한 장면들이 과연 장관이었다. 전혀 예상치 못한 풍경에 그저 탄성 소리만이 감정을 대신할 뿐이었다.

지난밤 '킬 테리' 사건 충격의 잔상을 털어내려 새벽부터 맹렬히 라이딩을 펼쳤다. 하루 종일 무거운 자전거를 이끌며 올라왔기에 이제는 내려갈 일만 남았다. 오르막의 끝에 톨게이트가 있었고 나는 그곳을 통과해 신나게 다운힐downhill만 즐기면 되는 것이다. 톨게이트를 빠져나가자마자 급하게 도로가 꺾였고 그곳을 지나치자 마치 바위 만물상이라도 되는 양 엄청난 돌들이 산을 이루고 있었다. 세상에, 그것은 나를 단번에 압도시키기에 충분한 장엄한 광경이었다.

루모로사Rumorosa. 족히 개당 수백 킬로그램에서 수 톤은 되어 보이는 수백

루모로사, 수백 킬로그램에서 수 톤은 되어 보이는
수백만 개의 바위들로 이루어진 산.
수백만 개의 바위로 이루어진 숨겨진 보석이다.

만 개의 바위들로 이루어진 산. 어메이징이라는 단어로도 다 안을 수 없는 거대한 환상의 나라였다. 어떻게 수백만 개의 대형 바위들이 한 자리에 모여 산을 이루고 있는 걸까? 여행은 지경(地境)을 넓혀 준다. 내가 사는 세상이 전부가 아님을 알게 되는 순간 삶은 또 하나의 경이로움으로 숙연해진다. 단언하건대 미국 영토였다면 국립공원으로 지정되어도 손색없을 개성 강한 곳이다. 유명 관광지로 개발되지 않은 것이 그저 신기할 따름이다. 미안하지만 붉은 바위산과 큰 바위 몇 개 가지고 그럴 듯한 전설을 붙여 관광지로 만들어 버린 콜로라도의 자랑 '신의 정원Garden of the Gods' 은 그저 소꿉장난이란 생각이 들 정도다. 신의 정원과 루모로사의 네임벨류의 간극은 그들이 가지고 있는 내재적 매력보다는 국력과 홍보의 차이가 아닌가 싶다.

걷잡을 수 없는 감동의 도가니인 루모로사에는 오래도록 시선을 멈추게 하

는 독특한 매력이 있다. 단순한 흥밋거리가 아니다. 이제 첫 걸음을 내딛은 멕시코 여행에서 자연으로부터 받은 첫 번째 선물이었다. 나는 이것을 정중히 감상할 필요가 있었다. 누구에게나 쉽게 허락되는 장면은 아니기에.

점심때가 이르자 고속도로 사이드에 차를 세워 팔고 있던 멕시코 대중 음식 브리또burrito로 출출함을 달랬다. 부꾸미 같은 멕시코 주식인 토르띠야에 주로 콩을 넣고 식성에 따라 고기, 야채 따위를 곁들여 먹는 서민들의 동반자다. 한 끼 식사로는 부족함이 없지 않지만 신나는 식도락 여행은 나중으로 미룬다. 그리고 그 후로도 계속되는 돌과 모래의 기이한 이중창에 브레이크 조절에만 신경 쓰며 내려오면서 내내 바위산에서 눈을 떼지 못했다. 여행자에게 무명인 이곳은 신선한 충격으로 다가왔다.

● ● ●

폭풍설사에서 느끼는 카타르시스

　신나게 루모로사를 배경으로 내리막길을 즐겼으니 이제 다시 페달을 밟으며 다리 근육이 뻑뻑해지도록 힘을 줄 차례다. 너른 길로 진입하니 도로 한복판에서는 교통경찰 대신 군인들이 무장한 채 차량을 통제하고 있다. 여행자를 기죽이는 자동소총까지 있는 걸로 보아 분위기가 심상찮음을 느낀다. 그러나 그들은 나를 신경조차 쓰지 않는다. 국경으로 수백 미터의 사막을 가로지르면 미국 영토이기에 미국으로는 마약 밀수와 국경월담이, 멕시코로는 반입 불가 물품 밀수가 횡행한단다. 매년 국경에서 밀입국 도중 잡혀 쫓겨나는 인원이 수천 명, 아무도 몰래 파 놓은 땅굴이 수백 개나 된다고 하니 가난 앞에선 총부리도 두렵지 않은가 보다. 아무래도 경찰보다는 더 체계적인 군인들이 총을 들고 삼엄한 경계를 펼치고 있는 편이 나을 것이다. 심심찮게 경찰이 연루된 조직범죄가 뉴스를 타면서 경찰이 곧 갱단이라는 오명을 뒤집어쓰고 있는 멕시코라면 가능한 이야기다.

　무료한 사막을 계속 달리다 길 옆 허름한 가게에 들어갔다. 갈증과 허기도 그렇지만 무엇보다 그늘 한 점 없는 땡볕 더위에 잠시 쉼을 얻을 수 있는 공간이 절실히 필요했다. 가게는 한산했다. 괴기소설의 귀곡성처럼 선반에는 음울한 먼지가 수북이 쌓여 있었다. 정신없이 날아다니는 파리 떼를 보니 도저

55

히 음식 먹을 엄두가 나지 않는다. 차선책으로 오래되어 눅눅해진 포장된 빵과 콜라를 구입했다.

독과점이라 그런지 콜라 한 캔에 1달러란다. 마트보다 두 배 가격이다. 하지만 사막 한가운데 가게가 있다는 존재 자체만으로도 감사할 따름이다. 목마른 사슴에게 치명적인 마약인 콜라로 원기를 회복하게 하니 그만한 프리미엄을 누릴 명분은 된다. 식도를 디고 넘어가는 짜릿한 탄산의 매혹에 빠지고 다디단 빵을 우적우적 씹어 먹으니 얼마 안 있어 아랫배가 묵직해져 온다. 이내 속이 부글부글 끓기 시작했다.

급히 화장실을 찾았다. 사막 한가운데 제반시설이 없으므로 물론 모래 위에 세운 간이 화장실이다. 그래도 변기만큼은 수세식으로 만들어 놓았다. 오래되어 변색이 된 것이 꺼림칙하지만 말이다. 그런데 이 화장실 참 난감하기 그지없다. 우선 양변기에 날개가 없다. 게다가 응가를 내려 보내야 할 물도 없거니와 버튼도 빠져 있었다. 당황해 밖으로 나오니 주인장 하는 말이 외관만

수세식일 뿐 볼일을 본 뒤에는 사용자가 직접 물을 떠다가 내려야 하는 수동 시스템이란다. 결정적으로 양동이에 물을 담아 부어도 응가가 내려가기는커녕 오히려 역류하며 넘치기도 한단다. Oh, my God!

이미 변기 안에는 다른 사람들의 불소화 흔적인 퇴비의 동격(同格)이 제대로 삭아 있었다. 파리와 모기가 뒤섞여 왜 이리 껄떡대는지 완벽히 증명하고 있었다. 겉모습은 분명 수세식인데 양변기의 기능을 잃어버린 것이다. 고장이었다. 절망감에 고개를 푹 숙인 채 남여 화장실 중 그나마 상태가 좋은 여자 화장실로 들어갔다.

일단 양변기에 날개가 없는 만큼 상당히 조심해야 했다. PT 5번 체조인 기마 자세를 유지했다. 엉덩이가 양변기에 스칠 듯 말 듯 깃털보다 가벼운 몸으로 앉아 일을 봐야 했다. 바로 한 뼘 아래 지옥의 좁쌀들이 오물룩조물룩 휘젓고 다닌다. 만약 이대로 주저앉으면 지구 멸망이다!

고통으로 뻑뻑해진 허벅지가 파르르 떨려왔다. 배설물도 꽃잎 떨어지듯 사뿐히 조절해야 했다. 조금이라도 괄약근을 잘못 놀렸다간 매정히게 튈 것이었다. 하체에 중심이동을 힘껏 갖다놓고 상체를 최대한 굽힌 후 가느다란 신음 소리를 냈다. 해변의 섹시 여인보다도 더 정신을 혼미케 하는 참 오래도 묵힌 대변의 화생방 냄새가 기가 막혔다. 체력 소모가 엄청났기에 정신력으로 버티고 또 버텼다. 묵은 변 위에 아주 조심스레 김 나는 새로운 변을 얹어야 하는 극한 체험을 기특하게도 나는 잘해내고 있었다. 그리고 최후의 카타르

시스…….

얼마나 극심한 부담이었는지, 얼마나 처절한 안타까움이었는지, 또 얼마나 절박한 사력이었는지 모른다. 고약한 온기로 가득한 화장실을 나오자 나는 득도한 신선처럼 세상을 다 얻은 희열을 느꼈다. 큰일을 성취하니 감개무량하다. 식은땀을 닦아내고 보니 새삼 햇살이 반갑고, 바람이 시원하며, 가게 주인의 얼굴이 천사처럼 보인다. 이것을 환희(歡喜)라고 하는 건가. 쾌변의 기쁨이란 이런 것, 몸이 한결 가벼워졌다.

허나 가게를 나와 다시 사막 속으로 파고들자 나의 표정은 아무 일 없었다는 듯 그저 태연해졌다.

무無의 현현顯現

태양의 각이 예리하게 꺾이기 시작했지만 사막은 사막인지라 그 위용 한번 야멸치게 드러낸다. 한껏 가벼워진 몸 때문인지 페달의 회전 속도가 빨라졌다. 그림자가 길어지고 점점 바람이 차가워지려는 찰나 멕시칼리를 향해 동진하는 중에 또 한 번 입이 벌어질 만한 장면을 보게 되었다. 마치 황천길처럼 보이는 곳, 아무것도 없이 그저 삭막하고 황량한 모래만이 뻗어 있는 땅이다. 나는 도로를 이탈해 단숨에 이 길로 가지 않을 수 없었다. 어리석게도 물도 없

 는 상태였다.

이 광경 또한 눈부시도록 빼어났다. 아무것도 없는 공간에서 느껴지는 무(無)의 경이로움을 바라본 적이 있는가? 다큐멘터리에서나 볼 수 있는, 생명의 숨결조차 느낄 수 없는 곳, 그저 땅바닥을 휩쓸고 지나간 바람만이 무언가 존재한다는 것을 시위하는 듯한 적막한 광야, 아마 시야가 끝나는 저 지평선으로 달려가면 또 하나의 생명이 흔적도 없이 바람에 실려 나갈지도 모른다는 생각이 들었다.

'무(無)의 현현(顯現)'이라는 망상에 사로잡힌 채 오래도록 지평선 끝을 바라봤다. 1년 전, 나는 비슷한 장면을 목격한 적 있다. 북극 지방에서다. 그곳에서 몇 개월을 지내며 혹독한 환경에서 살아가는 이들의 삶의 경이로움을 바라본 적이 있다. 자연을 정복하는 듯 보이나 실은 그 혹독한 조건 속에서 조화를 이루며 인간의 역사를 이어가는 의지와 겸허함을 보았다. 그중 알래스카에 사는 이누이트 에스키모들의 독특한 전통문화가 있다. 나이가 들거나 병을 얻어 자신들이 더 이상 일할 능력이 되지 않을 때에는 먼 눈길로 스스로 걸어들어가는 것이다. 구성원들에게 짐이 되고 싶어 하지 않아서다. 그들은 자신의 숭고한 자존심을 공동체의 생명과 안전에 직결시킨다. 그 북극의 매서운 얼음 광야를 보고 나서 하얀 공포에 질려버린 기억이 아직도 생생하다. 이누이트들은 살을 에는 칼바람을 맞으며 한 걸음 내딛는 사이에 몇 번이고 돌아가고 싶은 마음을 억눌렀을까? 그런 공간에 머무르다 지금은 다시 정반대

의 사막의 뜨거운 모래 광야를 보고 있는 것이다. 재미있는 인생이다.

종착역질환을 앓고 있는 현대인들에게 목적이 없는 공간이란 어떤 의미로 다가올까? 애초에 그런 곳에는 어떠한 형태로든 발을 내딛을 필요가 없으니 그저 하나의 이그조티카Exotica 현상으로 치부하며 평생 외면하고 살까? 하지만 삶은 그렇게 간단하지만은 않다. 세상을 내 의지대로만 방향을 설정하고 부딪치기에는 너무나 많은 변수와 한계가 존재한다. 언젠가는 자신도 모르게 혹은 자신의 의지와는 상관없이 혹독한 광야로 내몰릴 때가 있을 것이다. 그리고 그때에도 사람들은 어떻게든 종착역을 찾으려 들지도 모르겠다. 하지만 그렇다고 우왕좌왕 당황할 필요는 없다.

일견 무모해 보이는 탐험의 역사에서 '도전하라!' 라고 외치는 선봉장이 무턱대고 성마른 채 모험을 감행하지는 않는다. 그 역시 목적이 없을 것만 같은

누군가에게는 목적이 없는
거친 자연이 다른 이에게는 인생을
걸어볼 만한 가치가 있는 매력적인
도전지로 탈바꿈한다. 왜? 그 자연과
살을 맞대며 한 걸음 한 걸음 일리
있는 의미를 만들어 나가기 때문이다.
결과만 주시하며 달려가는 종착역
보다도 과정을 찬찬히 뜯어보는
간이역을 통해 찾아드는 삶의
희노애락에서 더 훈훈한 인생의
여정을 음미하는 것 아닐까.

사막, 저 지평선 끝을 넘어야만 멕시칼리에 도착할 수 있다.

곳에서도 목표를 찾아내고 의지를 길러내며 끝내 뜻한 바를 성취하고서는 인생의 또 다른 방법과 방향을 제시하고야 말테니까.

몇 장의 사진만으로 다 담아낼 수 없는 광대한 분위기이기에 나는 눈동자로 이것들을 흡수하려고 애썼다. 가슴에 오래도록 남겨두고 싶은 광경이었다. 마른 가슴이 감성에 젖도록 충분히 감상한 후 다시 도로로 나왔다. 물이 없어 더 이상의 구경은 무리라고 판단되어서였다. 마른 웅덩이에서 마지막 숨을 헐떡거리는 물고기마냥 타는 목마름은 단순한 갈증이 아니라 심각한 상황을 초래할 수 있다. 사막의 강한 햇빛과 수분의 고갈로 인해 잠시 현기증이 난다. 오래도록 사람의 흔적을 찾을 수 없는 곳에서 물을 준비하는 것은 잘한 일이 아니라 단호하게 옳은 일이다.

모라토리엄 인간Moratorium Man에게 삶의 회로를 바꾸어 놓을 만한 것 중에는 여행만한 것이 없다. 사막이나 고산, 정글과 같은 거친 환경에 이르러 현대인간의 껍질을 벗고 자연인으로 잠잠히 감응하는 것은 또 다른 자아를 만나는 기묘한 체험이 된다. 루모로사와 바로 앞에 이어진 사막길이 꼭 그랬다. 나는 앞으로 닥쳐올 인생의 광야와 진짜 광야를 어떻게 헤쳐 나가야 할 것인가, 나에게 돌아오는 의문에 찬 속삭임을 바람결에 담아 듣고서는 다시금 페달을 밟기 시작했다.

너의 인생 아름답기를...

소외된 천사들을 찾아서

지글지글 익어가는 쇠고기에 달님도 침을 꼴깍 삼키며 몰래 훔쳐본다. 고기의 향을 깊이 음미하기 위해 부르감아 보니 과연 그 냄새가 생전 기름진 자극을 받지 못한 양 후각세포들을 정신없이 깨워댄다. '아!' 탄성 소리와 함께 다시 눈을 떠 알맞게 암살진 쇠고기를 보자니 절로 흐뭇해지는 이 만족감. 그리고 멕시칸들의 주식인 타코 만들기를 위한 마지막 고기를 익혀내느라 피어오르는 연기에 눈도 마음도 그리고 뱃속마저 아슴아슴해진다.

번잡한 국경 도시 멕시칼리. 국명과 비슷해서 그런지 멕시코 분위기가 물씬 풍기는 곳이다. 티후아나에서 여기까지 오는 동안 고생했기에 며칠 쉬어가기로 했다. 특별한 여행지도 아닌 만큼 그냥 휴식만 취할까 생각하다 좀 더 의미 있는 계획을 짜고 싶었다.

"고아원에 갈 건데 같이 가지 않을래요?"

이곳에서 카페를 운영하는 한인청년 형덕 씨와 태곤 씨가 고아원 자원봉사를 간다는 말에 귀를 쫑긋 세웠다. 가끔 한인교회에서 고아원으로 봉사를 나가는데 오늘이 바로 그날이라는 것이다. 주일 예배를 드린 후 나는 일정을 잠시 유보하고 고아원으로 가기로 했다.

세상에서 가장 아름다운 건 어머니이고, 가장 행복한 건 그 어머니가 조건 없이 사랑하는 아이라는 것. 잔즐거리는 갓난아이 때부터 한 해 두 해 자라가며 서투르게 껍질을 깨가는 아이를 바라본다는 것. 아무리 험한 비바람이 몰아쳐도 당신의 품이라면 의심 없는 아늑한 고요가 약속되었던 곳. 세월이 흐르면서 변하지 않는 늘 푸른 상록수라 믿었던 부모님의 품은 이제 늙고 처진 고목이 되어 앙상한 그루터기만을 남겨주지만 그 위에 걸터앉는 쉼이 인생에 다시 올 수 없을 평온한 천국임을 나는 조금씩 알게 되었다. 자신의 또 다른 인생을 지켜주고 애만지는 평생에 걸친 그 고결한 사랑에 다시 한 번 부모님의 존재에 감사, 감격할 수밖에…….

그런데 오늘은 애석하게도 부모가 먼저 하늘과의 약속을 해 버린 채 이별을 고했거나 혹은 그들이 감옥이나 미국행으로 자신의 자리를 지키지 못해 남겨진 아이들이 있는 고아원을 가게 되었다. 고아원 방문 경험은 부끄럽게도 봉사 활동 점수를 얻기 위해 가 본 것이 전부일 정도로 일천하다. 그렇기에 어떻게 아이들을 돌봐야 할까 생각에 잠긴 채 차를 타고 고아원으로 출발했다.

저뭇해질 무렵 외곽에 위치한 베데스다 고아원에 도착했다. 이 고아원은 다른 고아원에서 자란 한 고아원생이 자신과 같은 처지의 아이들을 돌보기 위해 설립한 곳이다. 아이들은 우리가 도착한 것을 보자 환호성을 지르며 바삐 다른 아이들에게 소식을 전했다. 그리고는 몇몇이 쏜살같이 가슴팍으로 뛰어든다. 어떤 녀석들은 아무 거리낌 없이 먼저 손을 내밀었다. 그 손을 잡으면서 시선을 마주한 채 인사를 건넸다. 인사할 때마다 새살거리는 눈망울을 마주하자니 영혼의 거울로 때묻은 자아를 보는 것 같아 살난스럽기만 하다.

아이들이 오랜만에 보는 현덕 씨와 태곤 씨는 그야말로 인기만점이다. 녀석들은 현덕 씨와 태곤 씨가 산타 할아버지라도 되는 양 팔에서 허리로 허리에서 가슴으로 여기저기 매달리며 반가움을 표시한다. 그런 장면을 지켜보면서 살짝 데면데면할 때쯤 아이들은 다행히도 내게도 다가와 섭섭잖게 친절을 과시한다.

'이 자식들, 이제 오는 거냐? 이 순간을 기다렸다.'

숨이 막히도록 힘껏 안아 주었다. 아이들은 신음소리를 내면서도 마냥 좋아라 한다. 더 안아 달라 한다. 그렇게 서로의 체온과 체온이 맞섞이며 심장의 소리가 하나로 될 때 우린 형제와 진배없는 우정을 나누고 있었다. 녀석들은 뭐가 그리도 좋은지 깔깔대며 웃는다. 마치 내게 계량화된 물질문명 속의 안락함에 가리워진 진정한 행복에 대해 가르치는 변장한 꼬마 신선들 같았다. 묘한 감정이다. 어쩌면 자신의 부끄러운 환경을 드러내기 부담스러울 수도 있었다. 그래서 안에서 문을 걸어 잠그고 어둔 구석으로 몸을 숨긴 뒤 이불을 뒤집어 쓴 채 우리가 어서 돌아가기를 전전긍긍하며 시선을 피할 수도 있었으리라.

남자 녀석들은 청년들과 좁은 마당에서 축구를 하고, 여자아이들은 자기네들끼리 소꿉놀이를 하며 성대한 저녁만찬을 기다리고 있다. 관심을 끌기 위해

일부러 보이는 곳에서 요란하게 떠들며 노는 모습이 어찌나 귀엽던지. 고아원
에는 축구를 하는 몸놀림과 노랫소리로 시끌벅적했다. 이런 기분 좋은 번잡함
은 누구라도 행복하게 만든다. 서로가 어울리고 부대끼는 가운데 옆에서는 즉
석에서 아주 맛나게 만들어진 타코가 슬슬 탁자에 놓이기 시작했다. 🚲

그들은 모두 관심이 필요해

"타코 먹자, 애들아!"

이 한 마디는 엄청난 흡인력을 가지고 있었다. 순식간에 부엌에 마련된 테
이블로 아이들이 질서 있게 몰려들었다. 녀석들은 재잘거리며 타코를 먹고

또 우리와 이런저런 얘기를 나누며 즐거운 시간을 만끽했다. 토르띠야Tortilla 반죽피에 쇠고기와 각종 야채를 얹고 다시 그 위에 살사소스를 뿌려 먹는 환상적인 타코의 맛. 둘이 먹다 하나가 죽어도 눈치 못 챌 정도로 혀에서 녹아드는 그 달달새콤한 맛. 정말이지 타코의 냄새까지 놓치지 않고 사진을 찍고 싶을 정도였다. 하지만 얼마 지나지 않아 아이들은 타코보다 우리와 함께한 정에 더 굶주려 있음을 눈치 챘다. 식사를 마치고 보니 테이블 위에 적지 않은 음식이 남아 있었다.

'녀석들, 많이 좀 먹지……'

아쉬움이 들어 옆에 있는 아이들에게 빵과 음료를 권했지만 녀석들은 괜찮다며 인형 같은 미소를 지어 보인다.

'이 정도면 충분한 걸요. 마음이 풍요로워지는 행복이 진짜 행복이잖아요.

멕시코에서는 아이들이 죽으면 자동으로
천사가 된다고 믿는다고 한다.
세상 근심걱정 없는 천하태평인 모습들…

아픔을 아는 사람만이 그 아픔을 다시
보듬어 줄 수 있다. 난 아직 절절한
그들의 고통을 나눠 짊어질 준비가
되어 있지 못했다. 어리석게도 지금껏
나 하나 행복 찾기도 버거워 고민하고
투정부리던 다 큰 애가 아니었던가.

난 지금 너무 행복하다구요. 다음에 또 와 줄 거죠?'

그 눈이 말하는 얘기에 더 이상 물질적인 그 무엇으로 그들의 마음을 채울 수 없다는 걸 깨닫고는 잠시 마음이 맹맹해져 왔다.

식사 후 자리가 어느 정도 정리되자 이대로 떠나기가 아쉬워 함께 사진을 찍었다. 아이들은 사진을 보여주면 자신의 낯선 모습에 쑥스러워 하면서도 즐거워한다. 가진 게 없어도 맘껏 뛰어놀며 해맑은 미소를 잃지 않는 녀석들. 그 아이들이 자라서 어른이 되면 그때도 지금처럼 환하게 웃을 수 있을까. 자신의 어린 날에 대해서는 또 어떻게 생각하게 될까. 부디 이들의 행복이 어른이 되어서도 깨어지지 않기를. 너의 인생 아름답기를……

헤어지는 길에 다시 한 번 아이들의 손을 잡고 또 보듬어 안았다. 아마도 언젠가는 그 조그만 몸짓을 통해 나 자신이 아닌 우리의 행복을 추구하기 위해 땀과 눈물을 흘릴 첫들 날이 오리라 생각하며.

짙은 어둠을 뚫고 하나하나 마지막 눈인사를 건네며 아쉬움 속에 그렇게 우린 서로의 거리를 넓혀 나갔다. 괜시리 서운한 마음에 고개를 들어 하늘을 바라보니 우리의 만남을 축복하려는지 무수한 별들이 환하게 불을 켜고 있었다. 뒤돌아서는 걸음이 뭐가 그리 못내 허전한지 다시 고개를 돌려보니 여전히 손을 흔들며 마지막까지 미소를 잃지 않는 아이들. 검은 하늘에 큐빅처럼 촘촘하게 박힌 별들이 어느새 녀석들의 눈으로 들어와 있었다.

나의 스승은 5불짜리 수리공입니다

펑크가 자신을 속일지라도

사람의 마음을 어디 둘 곳 없이 허탈하게 하는 단어가 있다. 약속한 시간이 한참을 지나도 끝내 그녀의 환한 표정을 볼 수 없는 것, 그리고 힘없이 가라앉은 펑크 난 타이어. 둘 다 마음까지 찢어지게 만든다.

사막에 진입한 이후 라이딩은 무료해졌고 속도도 더뎌졌다. 펑크보다 무섭다는 맞바람이 불자 여간해선 평속 20km로 전진하기가 쉽지 않다. 전에는 산에다 들에다 강가에다 바퀴자국을 남길 때면 나그네를 이끌던 길은 자연과 함께하는 삶과 인간사를 동시에 보여주었다. 그러면 두 배의 인생을 산 듯 하루가 풍성해지곤 했는데 사막 길에서는 그런 접촉점을 찾기가 불가능해지면서 우울함이 밀려들었다. 목적도 의식도 없이 종일 달려간 거리가 고작 60km. 무념무상도 아닌 생각하는 것조차 따분해지는 곳에서 나는 무얼 하고 있는지, 앞으로 무얼 해야 하는지조차 망각한 채 길은 말도 없이 나를 잡아당긴다.

또 펑크다. 맞바람에 고생했더니 늦은 오후부터는 연이은 펑크로 고전을 면치 못하고 있다. 벌써 세 번째다. 사막 로드는 거칠다. 여기저기 널브러진 작은 쇠붙이들도 신경 쓰이지만 나무 한 그루 보이지 않는데 어디서부터 온 건지 모를 굵은 가시들이 곳곳에서 나타나 전의를 상실케 한다. 펑크는 간단한 수리만 하면 금방 다시 출발할 수 있다. 하지만 뒤에 짐을 가득 실은 나로서는 수리를 위해 다 풀어헤치고 다시 싣는 과정이 복잡하고, 나도 모르게 심리적으로 위축되기에 사고가 날 때마다 이맛살을 찌푸린다.

그런데 이 일을 어쩐다? 네 번째 펑크가 터졌다. 가혹한 운명이 내게로 찾아와 보따리를 풀어헤친 채 선인장처럼 서 있는 나에게 깊은 시름을 건네주었다. 그리고 바람이 되어 홀연히 사라졌다. 중생(衆生)이 중생(重生)되기를 바라는 하늘의 노림수인가. 허나 성정이 어리석고 급하기로 둘째가라면 서운한 일개 청년이 그 깊은 속을 알 리가. 그만 억울하고 원통해 꽥 소리를 질렀다. 고함은 아무도 받아주는 이 없는 허공에 힘없이 퍼져나갔다. 주워 담을 수도 없지만 받아주는 이 또한 없는 것을 알기에 더 사무친다. 눈물이 핑 돈다. 잘못했다면 화낼 자격이 없고, 잘못하지 않았다면 화낼 필요가 없다는 성인의 가르침을 곱씹어본다. 분을 내지 말고, 해가 지도록 분을 품지 말라는 진리가 하필 지금 생각나는 까닭은 무엇일까? 망연자실하나 어쩔 수 없다. 다시 짐을 다 풀어헤치고 펑크 수리를 시작한다. 그러나 이번엔 상황이 심각하다.

몇 번을 시도해 보지만 도무지 공기가 주입되지 않는다. 이미 예비 튜브도 모두 사용한 후다. 엎친 데 덮친 격으로 날이 급격하게 추워지고 어두워졌으므로 철수해야 했다. 개밥바라기의 청명한 아름다움을 감상할 틈조차 없다. 이 상태대로라면 도로 주변 모래 위에서 야영을 해야 한다. 모래알처럼 희망이 부서진 심각한 상황에서 나는 생존 가능성의 편린들을 찾아 모으기 시작했다. 일단 텐트와 침낭의 질이 좋으니 야영하는 데는 큰 문제가 없을 것이다.

식량은 물과 비스킷으로 아끼면 두 끼 정도 버텨볼 수 있다. 여차하면 오늘밤 사막에서 잠을 청하고, 내일 아침 구원의 손길을 기다려 볼 태세다. 사실 내 의지와 상관없이 이미 그렇게 되어 있는 상황에 그저 순응해야 하는 것이었다. 모험은 언뜻 운명에 맞서고, 운명을 개척하는 것처럼 보이지만 사실은 가장 자신에게 맞는 길을 갈 수 있도록 안내해 주는 또 하나의 예정된 길이다.

세상에 뿌려진 어둠만큼 앞이 캄캄할 때였다. 멀리서 엔진 소리가 들려왔다. 순간 놓쳐서는 안 되겠다는 생각이 번뜩 스쳤다. 어둠 속에서 떠들썩한 한 무리가 노래를 부르고 있었다. 다급하게 그들을 불렀다. 때마침 원군이 나타난 것이다. 다행히 사정을 들은 그들은 흔쾌히 부탁을 들어주었으나 대신 목적지는 산 루이스San Luis였다. 아침에 출발한 곳으로 다시 회귀하는 것이다. 아무래도 좋았다. 그저 이 막막한 곳에서 한시름 놓은 게 위안이다.

펑크 난 자전거로 인해 제대로 달리지도 못한 채 다시 산 루이스로 돌아온 밤. 검문소 앞에서 갑자기 차량이 우회전한다. 무슨 영문인지 몰라 두리번거릴 때 차량 일행이 모두 밖으로 나왔다. 제복을 입은 무리들이 신호를 보내고 있었는데 알고 보니 R15총을 소지한 P.G.R(Police Generation Republic) 대원들이다. 그들의 지시대로 일행들은 모두 밖으로 나왔고 졸린 나는 그대로 웅크린 채 차에 남아 상황을 지켜봤다. 그때 검문하던 사람들 사이에서 힐끗 나를 쳐다보며 나에 대한 얘기가 오고가는 것이 보였다. 그중 한 사람이 나에게 다가오더니 말을 걸어왔다.

 “넌 누구니?”

“나? 자전거 여행자. 아침에 여기 검문소 지나가던 사람이야. 기억 안 나?”

대답했더니 몇몇 사람들이 우리 안 원숭이 보듯 창을 사이에 두고 플래시를 비춘 채 내 얼굴을 빤히 쳐다본다.

“아침에 본 거 같기도 하고……. 여권 좀 보여줘.”

피곤했으나 분위기가 엄숙했으므로 나는 트렁크로 가 가방 깊숙이 보관해 둔 여권을 어렵사리 빼냈다. 여권을 조사하던 그는 내 신변에 이상 없음을 확인했다.

“그런데 무슨 문제인가요?”

“이 사람들에게 문제가 좀 있습니다. 하지만 말을 할 수가 없네요.”

그들은 다른 말은 하지 않고 차량의 사람들을 잡고 있었다. 영문을 몰랐지만 운전자였던 조지의 표정이 그리 유쾌해 보이지는 않은 걸로 봐서 뭔가 건수가 걸린 게 틀림없었다. 하지만 적극적으로 포박하거나 거칠게 대우하지 않는다는 점에서 살인이나 마약 같은 특수 범죄는 아닌 듯 보였다. 단순한 음주 운진 문세 때문일까? 그렇다면 검문소 오기 전 앞서 진행된 검문에서 걸렸어야 할 텐데.

“문, 나 아무래도 감옥 들어갈 것 같아. 자전거를 내려 너 혼자 가야 할 것 같은데.”

잠자코 상황을 주시하던 조지가 사태가 장기화될 것 같은지 말을 건넸다.

검문 검색이 철저한 불안한 국경 치안. 그래서 나는 오히려 안심이 된다.

옆에서 듣고 있던 대원도 그게 좋겠다며 나 혼자 가라고 거든다. 하지만 검문
소에서 이 찬바람에 또 펑크 난 자전거를 끌고 가라니 난 갈 수 없다며 망설였
다. 대원이 말했다.

"그럼 트럭 한 대 픽업해 줄 테니 거기에 싣고 가세요."

복잡한 분위기 속에서 혼자만 빠져나가는 것 같아 미안했지만 내일 다시
이 사막을 지나기 위해 몸을 추슬러야 하는 나도 마냥 남아 있을 수는 없었다.
조지는 대관절 어떤 잘못을 저지른 걸까? 거기에 견인된 차량의 사람들은 또
왜 묶여 있는 걸까? 나쁜 사람들처럼 보이지 않아 더욱 마음이 무거워졌다.
부디 심각한 상황은 아니기를. ☝

LL BE BAC
Peace, Democracy and Socialism
DR. THE
NO. 17, VOL. 1.
WILLIAM LLOYD GARRI
Boston, Massachusetts.
Daily Worker

새벽에 찾아간 자동차 정비소

저녁 무렵 사막에서의 연이은 펑크, 그런 나를 차에 태워 준 친절한 사람들, 그리고 경찰에게 체포된 일행. 정신없이 하루가 참 길었구나 싶은 생각이 한숨으로 대신해 나왔다. 운전사를 포함한 사람들이 다른 경찰차에 올라탔다. 나는 따로 경찰이 잡아 준 트럭을 타고 산 루이스 외곽에 위치한 자동차 정비소에 내렸다. 자전거 사고로 수리도 실패한 채 하루 내내 걸어 갔던 길을 트럭으로 다시 되돌아 온 것이다. 고개를 갸웃거렸지만 자동차 정비소에서 자전거 수리도 가능하단다. 이미 새벽 1시가 넘어가고 있었다.

정비소에서 야간 근무를 서고 있는 호세Jose가 선한 얼굴로 맞아주었다. 그에게 난관을 보여주었더니 고개를 절레절레 흔든다. 하지만 그의 손은 튜브를 만지작거리고 있었다. 어렵겠지만 포기한다는 뜻은 아니란 걸 말해 주는 것이다.

"어떻게 될지 모르겠지만 하는 데까지 해 볼게요."

선하디 선한 눈빛에 담긴 결의에 마음이 놓이면서도 도대체 어떻게 하겠다는 건지 궁금해 그의 곁에서 지켜보기로 했다. 그는 자동차 타이어 수리에 쓰는 각종 공구를 총동원해 자전거 타이어를 손보기 시작했다.

그의 손놀림은 매우 섬세했다. 하지만 그 섬세함마저도 커버하기 곤란한

펑크 부분은 고난이도 그 자체였다. 이리저리 각도와 길이를 재 보고 이래저래 눈대중과 손에 익은 감각으로 문제를 하나하나 해결해 나갔다. 역시나 어려웠던지 그 역시 실수를 거듭했다. 그러기를 30여 분. 졸음이 쏟아질 시간인데도 그는 집중력을 잃지 않는다. 만만찮은 작업에 열중하던 호세가 마침내 공기 주입 부분의 펑크를 때우는 데 성공했다.

"대단해!" 하며 엄지손가락을 치켜들자 그가 머리를 긁적이며 수줍어한다.

'자동차 정비소라고 자전거 못 고치는 게 아니구나.'

이제야 안심이 된 채 에어펌프기로 공기를 주입하는데 삐~익 파열음 소리가 나더니 터진 틈 사이로 공기가 속절없이 새어 나왔다. 둘 다 망연자실한 표정으로 낮은 탄식이 새어 나왔다. 적지 않은 공을 들였는데 그의 노력이 물거품이 된 것에 오히려 내가 더 아쉬웠다. 그때 호세는 지금까지 작업한 것을 다 뒤집어엎고 수리한 것을 모두 떼어냈다. 그리고는 처음부터 다시 작업을 시작하였다. 겨우 펑크 수리 하나를 위한 작업인데 과정은 까다롭기 그지없다. 그는 내가 미처 귀찮으니 그만둘까라고 말할 생각을 가져보기도 전에 스스로 최선의 길을 택했다. 나는 멈칫한 채 잠자코 지켜볼 뿐이다.

주변에는 오로지 변두리에 홀로 남은 정비소의 조도 낮은 등만이 은은한 빛을 쏟아내고 있을 뿐이다. 난 나트륨 불빛 아래에서 그가 일하는 모습을 보며 점점 그의 남다른 장인정신에 매료되고 있었다. 튜브를 바라보는 그의 눈빛은 점점 더 장인의 기운이 느껴지는 깊고 청명한 시선으로 변해 있었다. 실패에 대해 전혀 불평하지 않고 문제점을 파악하고 애써 고치려는 모습에 마음이 찡했다. 쉽게 지치고 쉽게 포기하는 나에겐 없는 모습이다. 작은 체구의 그가 크게 보이는 이유다.

드디어 만 1시간 만에 펑크 수리를 다 마쳤다. 이번엔 자동차에 쓰이는 전기 공구들까지 동원해가며 처음보다 훨씬 더 강도 높게 튜브의 펑크 난 부분을 싸맸다. 바람을 살짝 넣고 귀를 대보니 잠잠하다. 여전히 신중한 그의 얼굴을 보며 난 마음속으로 조심스레 성공의 싹을 틔웠다. 바람을 꽉 채우는 동안 다행히 타이어는 이상이 없었다. 마침내 "됐어, 된 거야!"라고 말하며 타이어를 자전거에 부착하는 순간, '이럴 수가……' 동시에 또 압력을 이기지 못하고 바람이 새어 나왔다.

호세는 마치 끝내 환자를 살려내지 못한 의사처럼 입술을 깨물고는 잠시 동안 굳은 채로 서 있었다. 도지히 어떻게 해 볼 수가 없었다. 공기 주입 부분의 펑크 수리는 전문가여도 버거운 게 확실하다. 그도 허탈했는지 웃으면서도 오히려 미안해한다.

'아니 이런, 당신이 왜 미안해하는 거야?'

나는 진심으로 마음으로 박수를 치고 있었다. 비록 타이어 수리는 실패했지만 그가 보여준 성실성에 깊이 탄복했기 때문이다.

"미안해요. 이건 나로서도 어쩔 수 없네요. 수리비는 받지 않겠습니다."

● ● ●

젊음을 더욱 아름답게 하는 진리

능력 위주의 사회가 된 지 오래다. 그런데 그 능력은 교양이라는 포장지로 감싸진 채 기득권층끼리만 나누려는 습성이 있다. 그 속에 담긴 것들은 으레 돈, 학벌, 외모 같은 것들이다. 능력을 가진 자의 나눔과 배려로 모두가 누리고, 모두가 감사하고, 모두가 행복해하는 세상이어야 마땅하거늘 혼자만 누리고, 혼자만 기뻐하고, 혼자만 행복해하려고 애처롭게 안간힘을 쓴다. 그러니 돌아보면 마음 나눌 이 하나 없이 외롭기만 하다. 그들은 표면적으로 보이는 능력 이외에 상대를 온전히 바라볼 수 있는 눈에 보이지 않는 가치도 얼마든지 함의되어 있을 수 있다는 점을 간과하고 있다.

난 호세의 곁에서 그의 눈빛을 보았다. 그리고 수리하는 동안 그의 손놀림과 발의 동선을 주시했다. 비록 결과는 실패였지만 그의 성실성과 따뜻한 인간미가 그를, 세상을 좀 더 아름답게 만드는 원동력이 될 거라는 확신을 갖게 되었나.

"수리비가 아녜요. 이건 내 마음입니다. 받아줘요."

그에게 5달러를 내밀었다. 멕시코 노동자 임금을 생각할 때 결코 싼 대가가 아니다. 하지만 난 이런 감동 받기를 무척이나 좋아한다. 그는 손사래를 치며 거부했지만 한국사람 특징이 뭔가? 기어이 손에 쥐어 주는 정. 대신 호세가 부담되는 마음을 가지지 않게 그가 일하는 사무실에서 콜라 한 캔을 꺼내들었다.

"이걸로도 충분합니다. 고마워요, 호세."

불빛 아래 비치는 호세의 벙글벙글 멋쩍어 웃는 모습이 무척 건강해 보여 좋다. 얼굴은 30대 같아 보이지만 분명 수리를 업으로 살아가는 청년일 것이다. 야밤에 힘들게 고생하는 것도 안쓰러운데 공간이 비는 땅바닥 구석에 매트리스를 깔고 쉬어야 하는 정비소 시설은 열악하기만 하다. 가슴이 뭉클해졌다. 일단 수리비부터 챙기고 보거나 과도한 수리비를 책정하는 것에 익숙한 우리 사회에서 보기 힘든 모습이다.

펑크 수리는 포기했고, 이미 새벽 2시가 넘었으므로 나는 극단의 선택을 할 수밖에 없었다. 정비소에서 관리하는 RV 폐차에서 자기로 한 것이다. 호세에게 양해를 구하고 그나마 쓸만해 보이는 RV로 들어갔다. 퀴퀴한 곰팡이 냄새가 진동하지만 최소한 밤이슬은 피할 수 있을 것 같았다. 호세가 짐 나르는 걸 도와주었다. 양치질만 하고 옷도 그대로 입은 채 낡은 폐차 시트에 누웠다. 얼마나 비위생적인지 11월인데도 불구하고 암놈 모기들이 혈식(血食)하기 위해 바쁘게 날개를 비벼댄다. 게다가 찍찍대는 쥐소리까지 신경을 민감하게 건드린다. 내일 아침 독감에 걸린다 해도 전혀 이상할 게 없는 장소다. 그래도 비록 폐차지만 하룻밤 단잠까지는 아니더라도 새우잠이라도 청할 수 있으니 얼마나 감사한가.

난, 그의 결과가 아닌 과정을 보고
기꺼이 그 대가를 지불하고 싶었다.

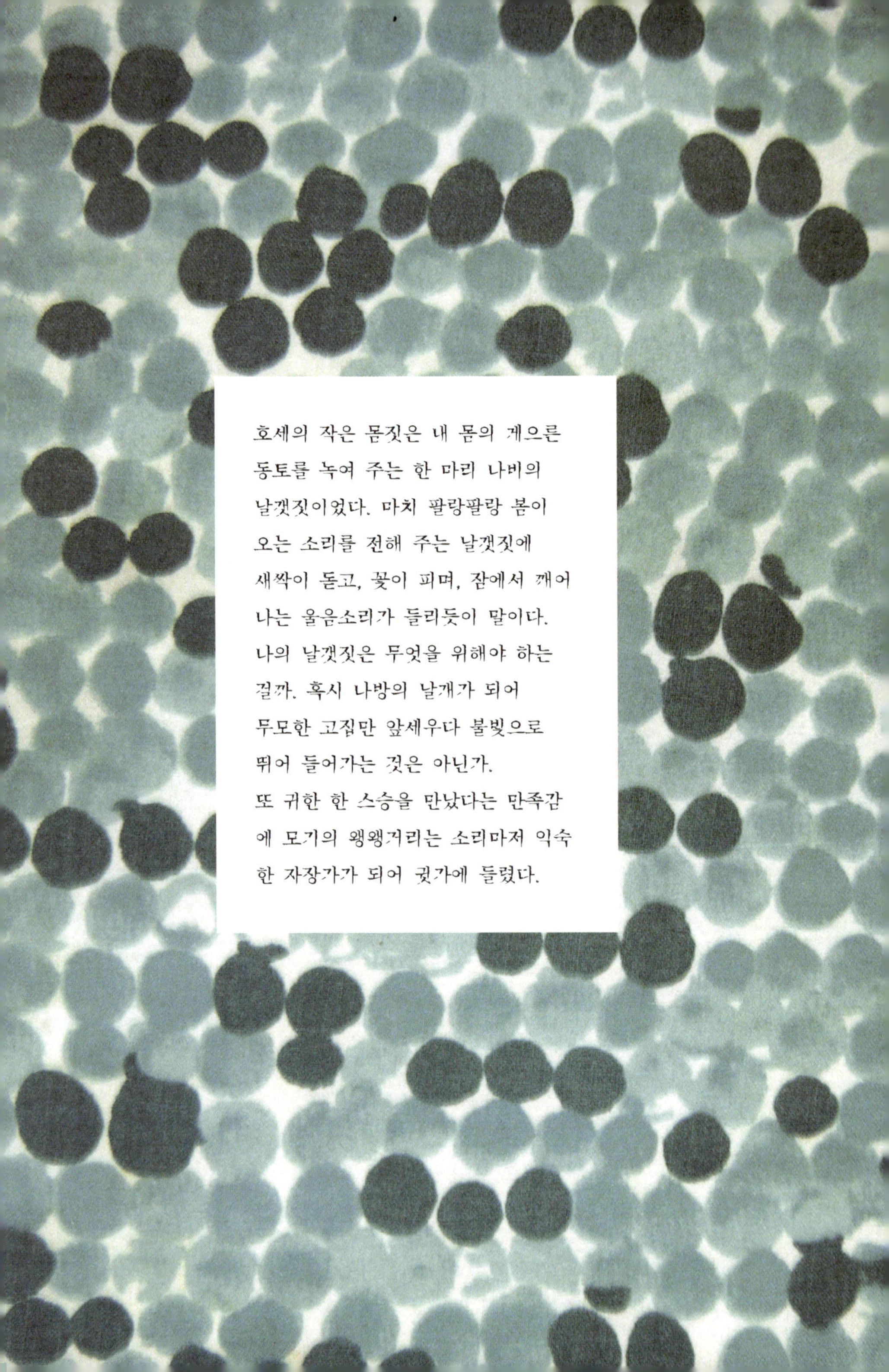

호세의 작은 몸짓은 내 몸의 게으른
동토를 녹여 주는 한 마리 나비의
날갯짓이었다. 마치 팔랑팔랑 봄이
오는 소리를 전해 주는 날갯짓에
새싹이 돋고, 꽃이 피며, 잠에서 깨어
나는 울음소리가 들리듯이 말이다.
나의 날갯짓은 무엇을 위해야 하는
걸까. 혹시 나방의 날개가 되어
무모한 고집만 앞세우다 불빛으로
뛰어 들어가는 것은 아닌가.
또 귀한 한 스승을 만났다는 만족감
에 모기의 왱왱거리는 소리마저 익숙
한 자장가가 되어 귓가에 들렸다.

파스칼의 팡세 #130에는 이런 얘기가 나온다. '만일 어떤 사람들이 자기의 노고에 대해 불평한다면, 어떤 일도 시키지 말고 내버려두면 된다.' 불평과 불만은 자신의 주도권을 이기적으로 가져갈 때 보편적 정의와 상충되는 갈등 현상이다. 하기 싫은 것을 성실함으로, 하고 싶은 것을 당당함으로, 나를 위한 것을 겸손함으로, 상대를 위한 것을 치열함으로.

다음 날 아침. 퉁퉁 부은 얼굴로 차에서 내려와 보니 호세는 이미 퇴근하고 없었다. 하지만 그의 자리엔 여전히 지난밤의 온기가 남아 있는 듯했다. '젊음을 더욱 아름답게 하는 진리, 그것은 바로 최선이야'. 그가 머물던 자리에서 작은 속삭임이 귓전을 때리는 듯했다. 🚲

폐.가.망.신.廢家亡身

● ● ●

참을 수 없는 존재의 무대책

패잔병처럼 다시 돌아온 산 루이스. 인연의 끈이 악어가죽만큼이나 질겨 보인다. 자전거 숍 주인이 날 보더니 반색하며 웬일인가 한다. 이틀 전 만나 교제를 나누고 떠난다고 마중 인사까지 했었는데 말이다. 사정을 설명하니 웃기만 하는 그. 타이어 폭을 1.5인치짜리에서 2.125인치로 바꿨다. 슈발베 마라톤 타이어Schwalbe Marathon Tire를 구할 수 있으면 좋았겠지만 현지 구입이 불가능한 이상 펑크에 대한 저항력을 높여야 했다. 아무래도 단위면적당 압력을 덜 받는 넓은 타이어가 나을 것이다.

똑같은 길을 다시 오며 똑같은 풍경을 본다. 복사열로 달궈진 아스팔트 위에서 바퀴는 점성 높은 엿처럼 쉬이 떼어지지 않고 도로 바닥을 밀치기가 여간 녹록치 않다. 타이어를 바꾼 후 속도가 급감했다. 얼마 못 가 꽉 조인 다리 근육이 풀린다. 느림의 미학? 이 정도면 느림의 가학(苛虐)이다. 정오에 출발해 오후 내내 쉬지도 않고 밟았는데도 50km 채우기가 벅차다. 문제는 여기서 시작되었다. 사막 중간에 그래도 뭔가 있겠지 생각하며 무턱대고 들어와 버린 것이다. 하지만 아무것도 없었다. 정말 아무것도 없었다.

오후 5시가 되자 급격히 해가 기울더니 그대로 땅 아래로 기어들어가 버린다. 그로부터 30분 후 사위는 완전히 어둠에 잠겼다. 불운은 꼬리를 문다고 했

바위산이 계속 이어지는 루모로사

던가. 앞바퀴가 펑크 나 버렸다. 할 수 없이 후미등을 켠 채 왕복 2차선의 도로를 자전거를 민 채 걸어가야 했다. 그런데 설상가상 뒷바퀴가 또 펑크 나 버렸다. 아, 잔인한 사막 도로 같으니! 독한 펑크의 악몽이다.

문득 스치는 생각이 있다. 점심 때 빵을 먹은 이후로 여태 아무것도 먹지 못했다. 게다가 주위에 불이라곤 가끔 지나가는 차량의 전조등이 전부다. 속도가 더욱더 느려졌다. 주위는 진한 블랙커피마냥 깜깜해졌다. 더구나 도로가 매우 협소한 2차선이었으므로 수리할 수도 없었다. 차를 세워보겠다고 손전등을 이리저리 흔들어도 보았지만 '여긴 멕시코야' 라고 말하는 듯 무심코 쌩쌩 지나쳐 버린다. 생각해 보면 이 야심한 시각에 사막 한가운데에서 손을 흔드는 이가 있다면 누가 봐도 필시 정신 나간 놈으로 여겨질 것이 뻔하다. 아, 맞다. 난 이미 정신이 나가고 없었다. 정신은 안드로메다로 보내고 육신만 지구에 남아 영혼을 찾아 무감각하게 떠돌고 있다.

하염없이 걸었다. 교전 중 휴식처럼 적막했다. 불행 중 천만다행으로 음악을 들을 수 있었다. 음침한 사막 한가운데 사람의 목소리를 들을 수 있는 건 정말 위로가 된다. 한참을 걸었을까. 손전등을 비춰 시계를 봤다. 이럴 수가. 째깍째깍 돌아가는 아날로그의 시침은 6에 머물러 있었다. 이제 겨우 6시란 말인가. 이건 전혀 6시의 어둠이 아니다. 밤 12시나 새벽 1시의 어둠이라고 해야 맞는, 시커먼 먹물을 뿌려 놓은 세상이다.

저 멀리 차량의 불빛이 비치고 내 눈에 들어오면 순간 눈이 부셔 시력을 잃게 된다. 그리고 나를 지나친 차량의 불빛을 통해 길의 끝을 보자면 마치 4차원 공상세계로 빨려 들어가는 느낌이다. 차량의 불빛을 통해 오른편에 험하게 파인 살을 드러낸 폐가들을 볼 수 있었다. 한번 거기서 자 볼까도 했지만 죽으면 죽었지 도저히 갈 수 없을 정도로 압박감이 심하다. 반대편을 보니 왼쪽으로 펼쳐진 국경 쪽으로 갔다가는 아무도 없는 곳에서 별안간 총알 세례를 맞고 쓰러질 것만 같다.

진심으로 겁이 나고 있었다. 어둠 속에서는 나무 한 그루나 풀의 작은 흔들림 하나가 예사로운 공포가 아니다. 이건 완전히 분위기 자체가 담력 테스트다. 그때였다. 갑자기 국경 경계 쪽에서 불빛이 비쳤다. 아득하게 먼발치에서 보자니 헬리콥터인가 생각했다. 하지만 불빛이 가까이 다가올 때 땅에 바퀴를 굴리며 나타난 차량임을 알 수 있었다.

'미국 쪽 국경 순찰차인가?' 하고 생각했는데 그게 아니다. 차가 내 눈에 들어왔으므로 분명 국경 경계 안쪽으로 달리고 있었다. 그리고 그곳은 비포장 도로다. 아니 모래밭이다. 왜? 설마 강도? 갑자기 맥박이 우당탕탕 천둥치듯 울려댄다. ㄱ 자가 국경에 기댄 채 나와 같은 위도상에 선다. 입에서 자그마한 욕이 흘러 나왔다. 나는 정신을 더욱 집중하려 했지만 도무지 울음이 터질 것 같아 미쳐버릴 지경이었다. 미국에서는 이럴 때 누가 신고하면 경찰차가 금방이라도 잘 오더니 여긴 내가 곧 죽어도 아무도 관심을 가질 분위기가 아니었다. 아무 생각이 없었다. 그저 이 암울하고도 살 떨리는 순간을 어서 벗어나고 싶었다.

　무작정 전조등을 비친 채 걸어갔다. 다행히 그 차는 나를 따라온다거나 하는 그런 움직임은 없었다. 오히려 불을 끈 채 그대로 머물러 있었다. 이해할 수 없었다. 그리고 이해하고 싶지도 않았다. 내 코가 석 자다. 내 생애 이토록 비탄에 잠긴 행군이 또 있었던가. 걷는 속도 평균 4km. 표지판에 적힌 다음 도시까지의 거리는 145km. 혹시나 중간에 운 좋게 휴게소가 있다 해도 20km가 떨어져 있다면 이 위험한 거리를 5시간이나 걸어야 된다는 계산이 나온다. 차로는 10분 걸릴 거리를 말이다.

　'미쳤어, 난 미쳤어. 암, 미치고 말고. 젠장할.'

　혼자 중얼거렸다. 이건 담대함이나 용기가 아니었다. 백 번을 생각해도 정보 부족에 의한 무지함이었다. 물론 사막이라는 건 알고 왔지만 그에 맞는 대비가 전혀 되어 있질 않았다. 이제부터 멕시코는 미국이 아닌 멕시코로 인정해야 했다. 나는 지금 홀로 미국 모하비 사막의 5배 면적이 되는 소노라 사막을 걸어가고 있는 것이다. 내일 온전한 나로 찬란한 태양을 마주할 수 있을까.

　차량들이 비춰주는 전조등으로 흉물스럽기 그지없는 폐가의 그림자가 길게 늘어졌다 사라졌다. 그것은 마치 내 목을 감겨 당기는 것처럼 을씨년스러운 기를 내뿜고 있었다. 더구나 11월 사막의 밤은 매서운 바람으로 추위를 만들었다. 이제 결단의 시간이 다가왔다. 밤새 이 춥고 위험한 거리를 걷느냐, 눈 딱 감고 좀비처럼 폐가로 들어가느냐. 무엇이라 해도 최악의 선택이 될 게 분

명했다. 하나는 육체적으로 하나는 정신적으로.

어둠 속에 고글 대신 안경을 고쳐 썼다. 그리고 말대답 하나 없는 외로운 두려움을 얼른 씻어내야 했다. 결국 오랜 고민 끝에 후자를 택했다. 피곤함을 무기로 잠이라도 빨리 자 볼까 하는 생각에서다. 결정을 내리는 순간 감정은 그 결정을 따라 완벽한 반응 세레모니를 온몸에 전파한다. 쭈뼛한 머리, 방아질 하는 심장, 굳어버린 근육과 활짝 열어젖힌 동공.

막상 폐가에서 자려니까 이번엔 또 가끔 보였던 폐가마저 보이지 않는다. 한동안 내 신세를 두고 남들은 겪어보지 않은 아주 기묘한 일이라며 애써 웃음을 지어 보지만 곧 쓸쓸해지는 건 어쩔 수 없었다.

교통사고로 목숨을 잃은 희생자들을 기려 도로 옆에 무덤을 만든 모습을 흔히 볼 수 있다.

'돈 주고도 할 수 없는 경험이란 바로 이런 것을 두고 하는 얘기지.'

긍정적인 마인드마저 이내 붉게 달아오른 공포 앞에 용융된다. 얄궂다.

이윽고 도로에서 50여 미터 떨어진 모래밭에서 겨우 빈 폐가를 발견했다. 발걸음을 무겁게 끌고 갔다. 눈물 나도록 감사하게도 오픈된 건물이었다. 보통 폐가들은 천장이 뚫려 있는 건 기본 사양이고 을씨년스러운 입구로 들어가야 하는데 이곳은 마당이 있어서 애써 건물 안으로 들어가지 않아도 되었던 것이다. 마치 류현진 제2의 선동열로 평가받는 프로야구 현역 최고 투수에게 9회말까지 퍼펙트게임을 당하다 겨우 사구hit by pitch ball 하나 얻은 기분이었다.

● ● ●

폐가에서 잔다면 그대는 용자

폐가 주위에서 컴컴한 내부를 힐끔 쳐다보자니 내가 폐쇄공포증이 있지는 않을까 처음으로 의심되었다. 여튼 굳이 어두운 쪽으로 시선을 보내가며 공포에 질리지 않아도 돼 너무 좋았다. 그래도 불안한 심리 탓일까. 귀와 목덜미는 뜨겁기만 하다.

"우리 땐 산에 놀러가면 무덤에서 자곤 했지. 무덤에서 자면 말야, 혼령이 따뜻하게 안아 주는 것 같거든. 그래서 '아이쿠, 지켜주셔서 감사합니다' 하면서 더 편안하게 잤어. 무덤이 얼마나 따뜻한데."

종종 들었던 어른들의 무용담의 주인공이 이제 내가 될 차례였다.

'사내자식이 그깟 폐가에서 하룻밤 자는 걸로 호들갑은, 당당해지자!'

스스로 대범하다고 마인드 컨트롤을 했다. 애써 헛기침을 하며 플래시맨 flash man 속도로 텐트를 쳤다. 그리곤 양치만 간단히 하고 텐트로 들어가 이침이 오기를, 해가 얼른 뜨기를, 그리고 다시는 이런 일이 없기를 기도하고 또 기도했다. 생소한 경험을 하느라 뻐근해진 몸을 쉬기 위해 자리에 누웠다.

문득 바라본 하늘의 질감이 예술 그 이상이다. 머리 위로 별무리가 흩어져 명멸하는데 내가 그들을 보듯 그들도 나를 볼 거란 생각이 들자 마음이 촉촉이 떨려온다. 안경을 벗고 보면 흐늘거리는 미리내는 내가 사랑하는 사람들에게 다 나누어 주고도 남을 만큼 많이 꿈나라에 매달려 있다. 가끔씩 슈팅스타 군무를 추는 별들은 이국에서의 황홀경을 더해준다.

'잠시 가슴을 펴고 하늘을 한번 보라구! 저 봐, 저기 저 하늘에 박힌 수많은 보석들이 반짝거리며 빛을 내고 있잖아.'

희읍스름한 별조차도 보기 힘든 서울 하늘. 그래서일까. 여름밤이면 으레 놀러가던 할아버지 댁 뒷산 풀밭에 누워 빨려 들어갈 듯 쳐다보던 어린 날의 하늘은 언제부턴가 사람들의 기억에서 점점 사라져 가고 있다. 우리의 생각에서 밀려나는 속도보다 더 빨리 별들은 탁한 공기 속으로 묻혀 가는 것이다.

눈을 감는다. 이제 잠을 청할 시간이다. 머리 위엔 컴퓨터 음악파일을 재생시켜 놓고, 허리 쪽엔 손전등을 켜 놓았으며 텐트의 사방을 꼭꼭 가렸다. 이 얼마나 뜨거운 기백이 느껴지는 청년의 잠자리인가?

소슬한 바람이 분다. 좀체 잠이 오지 않는다. 마음을 편안히 가지려 발라드 음악에 기대 애써 잠을 청해 본다. 그런데 신승훈 노래가 너무 슬프다. 정신이 명료해진다. 낭패다. 그때였다.

낮고 묵직하게 발자국 소리가 들린다. 뚜벅뚜벅. 눈을 뜨는데 육체가 뻣뻣해진다. 온몸의 신경을 청각에 집중시켰다. 작은 기척에 걸음을 멈춘 걸까? 소리가 뚝 끊겼다. 다시 눈을 감는다. 노래가 서너 곡 흘렀을까. 다시 시작되는 발자국 소리, 급하게 텐트 문을 열어젖힌 나. 그러나 텐트 밖으론 교교한 달빛과 1,680개의 별들만이 있을 뿐이다. 텐트 앞엔 무서우리만큼 차가운 적막함

이 그대로 버티고 서 있다. 마음을 가라앉히고 다시 침낭으로 숨어 들어간다. 다시 시작되는 명징한 발자국 소리, 또다시 일어선 나. 또 텐트의 문을 열면 아무도 없고, 나만 바보가 되는 이 밤의 분위기. 극도로 예민해진 감정이 만재흘 수선을 넘어섰다. 시간이 더디 흘렀다.

아침 8시. 따사로운 햇살이 노크로 아침 인사를 대신하고 언제 불안했었냐는 듯 큰 하품 한 번 하고 텐트에서 나왔다. 새집 만들어진 머리를 긁적거리며 폐가와 도로를 보고는 '겨우 이 정도였어?' 라며 혀를 끌끌 찼다. 새 나라의 어린이처럼 힘찬 기지개를 켜며 가볍게 몸 한번 풀어주고는 이 본능적 공포를 맞아 잘 버텨낸 스스로를 대견해했다. 아무 일 없이 나는 다시 자전거를 끌고 사막 로드를 밀치고 나갔다. 싱겁기 그지없는 일상이다. 전날 밤새 내내 깜짝깜짝 일곱 번은 더 깼다는 사실은 소노라 사막의 모래알 같은 비밀로 던져두고서.

여행과 삶의 공통점 중 하나는 바로 어떠한 순간에도
완벽한 절망은 없다는 것이다. 대지의 신열을 내뿜는
사막에도 선인장이 자라는 것처럼.

RESTAURANT HONG-KONG
NG-KONG

얍삽한 외침 VS 오싹한 포효

● ● ●

그놈은 멋있었다

야호, 구세주가 다시 납시었다. 겨우 찾아낸 그늘 아래에서 무료하게 마른 비스킷을 우적우적 씹고 있자니 지평선 저 끝에서부터 아스라이 누군가 트럭을 몰고 나타난다. 결코 놓칠 수 없는 기회다. 복사열로 달궈진 도로로 조건반사처럼 달려가 폴짝폴짝 뛰며 손을 흔들고 고래고래 고함을 지른다. 다행히 차를 멈추는 데 성공했다. 황당한 표정의 노부부, 북부에 살다가 날씨 좋은 중부로 이사 가고 있단다. 그들에게 자초지종을 설명하고 자비를 구했다.

"맙소사! 불편하더라도 뒤쪽에 태워주는 거야 문제없지만 아니 그래, 웬 정신 나간 짓을 하고 있는 거요? 여기 아무것도 없다는 걸 몰랐소? 가끔 자전거로 지나가는 여행자들을 보긴 했지만 혼자 다니는 걸 본 건 처음이네 그려."

자리가 없었으므로 펑크가 난 자전거를 좁은 공간에 밀어 넣고 트럭 짐칸 상단에 올라 타 정신없이 햇빛과 바람을 맞았다. 140km 거리를 덜커덩거리는 트럭으로 두 시간 동안 가로지르니 엉덩이가 성하지 않다. 인적이라곤 눈 씻고 찾아봐도 보이지 않고 오로지 황무지만 펼쳐져 있다. 나는 묻는다. 도대체 아무 준비 없이 무슨 배짱으로 여길 지나오려 했던 것일까. 스쳐가는 풍경을 보니 노랗게 퍼지는 텁텁함에 그만 갈증이 더해진다.

태양만 내리쬐면 사막이 된다. 약동하는 푸른 생명을 보기 위해선 궂은 날

씨도 필요하다. 갑자기 며칠 지나지 않았지만 슬슬 고행으로 여겨지는 여행이 즐거워지기 시작했다. 정말 순식간이다. 나도 모르게 즐겁기로 감정을 선택해 버리기로 한 결정의 순간이. 아, 내가 꿈꾸던 여로가 지금 내 앞에 펼쳐져 있다는 사실이 믿을 수 없이 감격스럽기만 하다. 그래서 나는 불편한 상황도 내 편으로 끌어들였다. 때론 바람의 아들이 되고, 때론 태양의 전사가 되는 말랑말랑한 환상 속의 전설들을 나는 믿기로 했다.

소뇨이타sonoyta에 도착해서 바로 에어펌프기를 꼭 구입해야만 했다. 혹시나 펑크 수리만 처리하고 다시 떠날 경우 또다시 사막 한가운데서 고립되면 그땐 정말 치명타가 된다. 자전거 숍을 찾으려고 두리번거리다 한 아이를 만났다. 태양을 등지고 작은 거인처럼 다가온 안토니오Antonio는 13살짜리 소년이다. 작은 체구에 옷매무새가 꾀죄죄하긴 했지만 살쾡이마냥 눈빛이 살아있고 몸짓이 야무진 이 녀석은 아이답지 않게 대범하고 매우 영특해 보였다. 거기에 자전거도 꽤 잘 타는 편이다. 도로와 인도 사이를 자유자재로 넘나들고 멈췄다 섰다 속도에 대한 감각도 탁월하다. 분명 45도 이상 기울어져 넘어질라치면 어느새 곡예를 하듯 중심을 잡고 뒤돌아 나를 보면서 전장에서 승리한 영웅의 웃음을 보인다.

녀석에게 자전거 숍에 대한 위치를 물었다. 그러자 따라오라는 듯 고개를 까닥 흔들어 신호를 보낸다. 녀석이 대장이 되어 앞장선다. 지근거리에 있는 자전거 숍에 쉽게 도착했지만 대형 펌프기 밖에 안 판다기에 다시 다음 자전거 숍으로 향했다. 하지만 두 번째 가게에서도 소형 펌프기가 없단다. 세 번째 가게에서도 마찬가지였다. 도시가 크지 않아 자전거 전문점이라기보다 일반 잡화점에 자전거 용품을 파는 곳이 대부분이다. 그래서 전문용품을 구비해 놓은 곳이 드물었다.

포기하지 않고 한 번 더 움직이기로 했다. 자전거에 휴대하려면 반드시 소형 펌프기여야 한다. 우리는 마치 의협심으로 똘똘 뭉친 형제처럼 동네를 이 잡듯이 쑤셨다. 13살짜리에 이끌려 타운을 돌아다니는 어리버리 스물일곱 청년의 모습이란. 노력은 우리를 배반하지 않았다. 결국 네 번째 가게에 가서야 겨우 원하는 소형 에어펌프기를 발견할 수 있었다.

안토니오는 들르는 가게마다 마치 자신의 일인 양 똑부러지게 설명한다. 조그만 녀석이 대견하다. 덕분에 무사히 필요한 물품을 구할 수 있었으므로 다음 사막 지역에 보다 안심하고 갈 수 있게 되었다. 만족할 만한 성과로 만면에 웃음을 띤 나는 고마운 마음을 전하기로 했다. 안토니오와 아까부터 녀석을 엉겁결에 따라 나온 친구 데이비드David에게 작은 보답을 하기 위해 콜라를 사 주기로 한 것이다.

"콜라 마실래? 가게가 어딨니?"

"뒤에 자판기 있어요."

손가락을 가리키며 당돌하게 말하는 안토니오의 표정을 보니 대접이 당연한 듯 보였다. 망설임이 없었다. 자신의 의사를 가감없이 표출하는 모습에 고

개를 끄덕이며 뭔가 인정해야만 한다는 압박감마저 들 정도였다. 먼저 5페소 동전을 집어넣고 콜라 한 캔을 꺼냈다. 그러자 나이답지 않게 의연한 안토니오가 먼저 데이비드에게 건넨다. 하지만 데이비드는 손사래를 친다.

"이거 형이 고마워서 주는 거니까 받아. 얼른."

데이비드는 여전히 수줍게 갸웃거렸다. 안토니오는 콜라를 데이비드 손에 억지로 쥐어줬다. 그러면서 마셔도 된다고 자신보다 한 뼘이나 더 큰 데이비드에게 어른스럽게 충고하는 것이다. 그 상황을 보자 나는 안토니오가 제 나이 또래답지 않게 참 기특하다고 여겼다. 하지만 여전히 어색해하며 마다하는 데이비드. 그런 그를 채근하는 안토니오. 얼마간 답답한 정적이 흐르다가 그때서야 데이비드가 제 친구 앞에 주눅 든 채 개미 기어가는 소리로 입을 열었다.

"난 환타."

1달러짜리 친구도 못 된 '못된남'

다음 날 아침, 소뇨이타를 떠나려고 동네를 빙빙 돌다 우연히 반가운 얼굴과 다시 마주쳤다. 안토니오였다. 오전부터 야무지게 자전거를 몰고 다녔다. 어제의 일도 있고 해서 녀석에게 활짝 웃으며 다가갔다. 그때 서릿발 치듯 외치는 안토니오의 한 마디.

"헤이! 원 달러!"

순간 녀석 앞에서 멈추려던 것을 그대로 페달을 밟아 지나쳤다. '이건 아닌데'라는 생각에 고개가 절로 도리질을 해댔다. 어제 그 친절이 고마워 콜라한 캔 사 주었더니 다시 만난 나에게 하는 우렁찬 첫마디가 1달러 달라는 소리라니. 분명 녀석은 어제의 안토니오와 다른 아우라가 부여되고 있었다. 그냥 지나치는 속이 편치 않았다. 어제 그걸로 녀석과의 만남이 끝이 났다면 한당돌하고 친절한 아이와의 좋은 추억으로 남았을 일이 1달러를 요구하는 뻔뻔한 외침에 우리 우정이 속절없이 깨져버린 것이다.

얍삽한 녀석, 행동이 바뀌자 녀석의 씩씩하고 의기양양한 태도가 이제는 어쩐지 거북하게 다가왔다. 계속해서 나를 부르는 녀석의 소리를 저만치 밀어내고 끝내 뒤를 돌아보지 않았다. 원래 예상 시나리오는 다른 것이었다. 아침식사 전이었기에 녀석을 마주하면 바로 옆에 김이 모락모락 피어나는 타코라도 한 접시 같이 할까 생각했던 터였다. 녀석을 보자마자 그 기대를 하염없이 어그러뜨리는 1달러 발언의 아쉬움이라니.

기분도 상했겠다, 아침을 포기한 채 그대로 핸들을 돌려버렸다. 그러면서 먼발치에서 고개를 돌려보니 안토니오는 그대로 뒤돌아 성큼성큼 자신의 길로 가고 있었다.

순간 후회가 엄습했다. 녀석을 다시 불러 갓 구워낸 타코 하나 같이 먹지 못

위풍당당해야 할 걸음이 왠지 버릇없고
건방지게 보이는 건 아이의
모습을 있는 그대로 받아들이지
못한 내 마음이 삐딱해서일까.

하는 못난 용기가 나를 초라하게 만들고 있었다. 잘못은 그 아이의 행동이 아닌 녀석을 바라보는 내 마음속에 있음을 깨달았다. 다시 달려가 붙잡고 싶었지만 생각처럼 마음처럼 몸이 움직여지질 않았다. 그새 안토니오는 저만치 멀어져 갔다.

아이에게 소소한 행복 하나 안겨줄 줄 모르는 넓은 아량이 없는 남자, 1달러짜리 친구도 되지 못하는 못난 남자. 여행이 나 자신에 대한 진실을 적나라하게 보여주자 하루의 시작이 우울해졌다. 미안하단 말 한 마디 건넬 용기와 관계를 다시 회복할 수 있는 지혜가 없는 나는 그냥 이기적인 여행자일 뿐이었다. 배울 게, 반성할 게 너무 많은 멕시칸 로드다. 🚲

●　●　●

죽은 소가 살아 있다?

로드킬Road kill. 생의 터에서 폭주 문명의 희생양이 된 동물들의 참혹한 사체를 보노라면 두 가지 감정이 섞여 배설된다. 하나는 아주 약간의 이익을 위해 더불어 살아야 할 동물들이 죽음에 내몰리도록 가혹하게 탄압하는 인간들의 잔혹한 야만성을 향한 분노요, 다른 하나는 속이 역겨워지다 못해 내장이 뒤집어질 정도로 비위가 상하기 일쑤라는 것이다. 그나마 작은 동물들의 사체는 괜찮지만 몸집이 있는 동물들의 썩은 체취는 오래도록 몸에 달라붙어

 후각을 괴롭게 한다.

　도로를 달리다 크게 부릅뜨고 있는 눈과 마주쳤다. 소였다. 대관절 사막 한가운데에 난데없이 소의 사체라니? 길가에 버려진 채 죽어 있는 소는 머리와 앞다리만 남긴 채 몸뚱이의 반이 이미 뜯겨나가고 없었다. 그런데 가만? 소가 움직이고 있었다. 내 눈을 의심했다. 하지만 명명백백했다. 배와 다리가 꿈틀꿈틀 경련을 일으키듯 흔들리고 있었다. 요상하다 싶었다. 살금살금 가까이 다가갔다. 그때였다. 서로가 서로의 존재를 알아 챈 그 찰나다. 무언가 소 안에서 꿈틀거리는 게 보였다. 몸뚱이에 머리를 밀어 넣고 정신줄 놓고 고기 맛을 즐기는 짐승이었다. 녀석이 인기척을 느꼈는지 잠시 얼굴을 빼냈다.

　‘으악, 깜짝이야!’

　소노라 사막Sonora desert 먹이 사슬 정점에 서 있는 코요테다. 녀석들과 눈이 마주치자 당황한 나머지 잠시 안장의 균형이 흐트러졌다. 녀석들도 전에 본 적 없는 괴상한 인간을 보고 놀라긴 마찬가지였다. 쫑긋 세운 귀와 꼬리, 날카로운 눈매와 이빨, 어슬렁거리는 야생의 몸짓. 하지만 그들은 내셔널 지오그래픽에서 보던 그 코요테보다도 덩치가 훨씬 작아 보였다. 내심 실망했다.

　‘흡혈귀로 변장하는 녀석들이 카리스마가 없어, 카리스마가.’

　만약 그들과 맞서는 상황이 생겨도 최소한 물려 죽지는 않겠구나 싶을 정도로 위엄이 없어 보였다. 생경스런 코요테를 본다는 게 무섭기보다는 오히려 호기심을 자아낼 정도였다. 녀석들은 사진 찍을 겨를도 없이 아직 다 씹지 못한 고기를 입에 문 채 종종걸음으로 마른 풀숲에 다시 들어가 버렸다. 우린 서로가 동시에 교감하고 있었던 것 같다. 마주쳐 봐야 피차 득 될 게 없다는 걸. 🚲

코요테와 함께 이 밤을

까보르까caborca로 향하는 길. 준비된 자에게 다가오는 모든 순간은 기대되지만 준비되지 않은 순간에 다가오는 일련의 일들은 악몽이 될 수 있다. 충분한 음식과 물을 준비하고 야영을 하자고 마음먹고 있었기에 지난번과 같은 난감한 일을 겪지 않을 거라 확신했다. 해넘이를 맞이하기 전 일찌감치 사막 도로에서 야간 떨어진 공터 나무 아래에 자리를 잡고 텐트를 쳤다. 시간이 넉넉했으므로 차분히 어둠을 맞이하고, 또 뭇 별들을 기다렸다. 과일과 빵으로 간단히 요기를 하고 텐트 주위에 혹시 있을지 모를 동물들의 접근을 차단하기 위해 두 번이나 분뇨를 배설했다.

'여긴 오늘 내 자리니까 얼씬거리지도 마.'

야생에선 동물과 다를 바 없는 인간의 영역 표시다. 그런데 이 새로운 냄새에 되레 반응을 보이며 모여들면 어쩐다?

간단히 양치만 하고 어떻게 써야 할지 모를 건조한 오늘의 일기를 작성한

에르모시요 가는 길, 어느 무명의 벽에 기대.

다음 여유롭게 노트북에 저장된 애드가 앨런 포의 단편 추리소설 한 편을 읽고서는 잠을 청한다. 오늘밤에도 벌레들의 울음소리가 로맨틱한 순간을 연출해 내고 텐트 위의 2,026개의 별들이 바람에 스치운다. 저 별들은 이미 수만 년 아니 그 이상 오래되고 죽은 빛이 이제야 내 눈으로 떨어지는 거겠지. 컴퓨터를 껐다. 화이트의 노래 가사가 꿈에서 이루어지기를 바라며 들뜬 기분으로 눈을 감았다.

'램프의 요정을 따라서 오즈의 성을 찾아나서는 모험의 꿈을 찾아 무지개를 건너~'

스스락, 쿵, 크쿵, 스스락, 쿵쿵.

'이게 무슨 소리지?'

이제 갓 잠이 들 무렵 텐트 주위로 낙엽 밟는 소리가 들려왔다. 심상찮은 기척이다. 청진기 타고 전해지듯 맥박 소리가 크고 선명했다. 나는 그대로 굳어 버렸다. 그 사이에 오만가지 비극적 시나리오가 다 써졌다. 텐트 문을 열어젖히는 행동만은 삼가기로 했다. 이미 청각 신경의 민감함은 최대치로 올려졌고, 숨소리마저 들키지 않기 위해 입으로만 호흡했다. 불안함이 휩싸인 나는 발가락 하나 꼼지락거리지 않았다. 혼신을 다한 부동자세였다. 10분 정도 흘렀을까. 천만다행으로 발자국 소리는 점점 잦아들었다. 하지만 난 끝내 텐트 문을 열지 않았다. 녀석들의 코는 내 눈보다 더 정확하리라. 쿵쿵쿵쿵 심장이 뛰는 가운데 다시 잠을 청했다. 더 이상의 발자국 소리는 들리지 않았다. 허나 이 밤 애석하게도 나는 램프의 요정을 따라 무지개를 건널 수는 없었다.

"아우~ 에헤헤헤오오우~."

풀숲과 모래로만 이뤄진 소노라 사막의 아침은 상큼하게 수탉 대신 코요테가 깨워준다. 영화에서처럼 바위산에서 넘어가는 붉은 태양을 등진 채 멋지게 포효하는 소리가 아닌 강아지들 울음소리와 흡사하다. 한 녀석이 울면 멀리 떨어진 다른 곳에서 연쇄적으로 우는 것이다. '어이, 간밤에 잠은 잘 잤는가?' 같은 안부 메시지처럼 사방에서 울리는 녀석들의 울음소리에 새벽 일찍 텐트를 걷을 수밖에 없었다. 하지만 나는 만면에 미소를 지었다. 분명 나를 지켜준 건 어젯밤 배설을 통한 경고 메시지였을 거라 굳게 믿으며……. 🚲

도난당하니, 마음이 아프다

야구에 환장한 골수야빠

"너희들, 걸리면 죽.는.다."

섬뜩한 문장이 나도 모르게 튀어나왔다. 불안정한 호흡 속에 입술은 덜덜 덜 떨렸고, 마른 땅을 박차는 대지 위의 말발굽 소리처럼 맥박은 거세게 쿵쾅 거렸다. 온통 분노로 차오른 급격한 감정선의 흔들림은 마치 끝없는 심연에 빠진 영화 속 슬로우 모션 장면처럼 머릿속을 진공 상태로 만들어버렸고, 사 람들 앞에 잘 포장되었던 내 본능적 악의는 거센 시험 앞에 그 자태가 가감 없 이 표출되고 있었다. 그렇게 나는 달콤한 일요일 오후의 햇살 아래 힘없는 미 소를 지으며 울지도 웃지도 못하고 있었다.

'아싸라비아 콜롬비아, 야구 하는구나!'

학교 운동장에는 스무 명이 넘는 청년들이 두 팀으로 나눠 야구경기를 하 고 있었다. 참새가 방앗간을 그냥 지나칠 리가 있나. 야구라면 인간의 모든 기 본 욕구를 제어할 수 있을 정도로 환장하는 나다.

팀원들은 대체로 20대로 사회인 친선 야구단쯤 되어 보였다. 그냥 주먹구 구식으로 운영하는 선을 넘어 제대로 된 장비를 갖추고 임하는 경기였다. 경 기는 나름대로 긴장감이 있었다. 아무렴 스무 명이 넘는 사내들 사이에서 약

해 보이고 싶지는 않을 터. 선수마다 투구 모션과 타격 매커니즘의 차이는 있었지만 경기에 대한 열정과 승리를 향한 집념만은 똑같았다.

투수가 피칭을 하고 타석에서 힘차게 휘두른 배트가 '딱!' 하는 파열음과 함께 공을 저 멀리 보내면 응원하는 팀에선 환호성이 터진다. 타자는 히어로가 된다. 그러다 맥없이 삼진으로 물러나거나 어이없는 실책 플레이를 연발하면 그 선수는 쥐구멍에라도 숨고 싶은 고개 숙인 남자가 되어 버린다.

한참을 그렇게 몰입해 관람하다 별안간 나도 필드에서 먼지 풀풀 내며 뛰어보고 싶다는 생각이 들었다. 보고만 있자니 몸이 살살 달아오르고 근질근질해 오는 게 주체하지 못한 동네야구 근성이 똬리를 튼 것이다.

"이봐요들, 나도 좀 껴 줘. 같이 할 수 있을까?"

아까부터 나를 호기심 있게 바라보던 선수들이 내가 던진 한 마디에 더욱 흥미롭게 지켜본다. 그중 얼마나 감미로운 옷차림인지 난닝구의 여백 사이로 단단한 근육질을 자랑하는 사내가 내게 물어왔다.

"야구 잘해?"

대답 대신 한번 시원찮은 웃음으로 무언의 언질을 건넸다. 나는 실력으로 정답을 말할 것이다. 이래봬도 초등학교 시절 동네에서 유일하게 공사장 각목으로 짬뽕공을 넘겨 옆 동네 유리창을 깬 전력이 있는 홈런타자 출신이다.

"오케이, 그럼 지명타자로 출전해."

아마도 건들건들하면서도 자신만만한 내 표정이 맘에 들었는지 주장으로

명색이 올림픽 야구 우승 및 World
Baseball Classic 준우승과 4강까지
오른 야구 강국에서 왔는데 멕시칸
리그보다 한 수 위라는 것쯤은 보여줘야
체면이 설 것 아닌가.

 보이는 사내가 흔쾌히 경기 참여를 환영했다. 경기가 종반전이었기에 나는 팀에 들어가자마자 바로 대타로 출전하는 행운을 거머쥐었다. 대기 타석에서 지켜본 바로는 상대팀 투수의 투구의 속도도 빠르지 않고 변화구 각도 무뎠다. 얼마나 만만한 아리랑 볼이었는지 모른다. 해볼 만했다. 최저 기준을 2루타로 잡았다.

앞 타자가 배트 한 번 시원하게 휘두르지 못하고 플라이 아웃으로 물러났다. 아쉬워하는 그의 어깨를 토닥거려주고는 괜찮다며 격려했다. 드디어 내 차례다. 나는 이종범의 배트 스피드와 양준혁의 정확성과 김동주의 파워를 믹스시킨 타격의 정석을 보여주겠노라 다짐하며 타석에 들어섰다. 다들 이 흥미로운 광경에 집중하고 있었다.

'잘 보거라. 너희들은 이제 곧 한국 야구의 매서운 맛을 보게 될 것이다. 홈런 쳐도 나 스카우트 할 생각하지 말아라. 유감스럽게도 이 몸 바쁘시다. 자 제군들, 탄성과 환호를 날릴 준비가 되어 있는가?'

국가대표의 마음으로 방망이 그립을 꽉 움켜쥐었다. 그리곤 108실밥 꿰맨 공을 기다렸다. 드디어 플레이. 첫 구는 스트라이크 존에서 한참 비껴난 변화구였다. 여유롭게 타석을 발로 한 번 쓸고는 2구째를 기다렸다. 공이 투수의 손을 떠나고 힘차게 스윙. 힘차게 돌아간 방망이는 바람을 가르는 날카로운 소리를 냈다. 펜스를 넘어갔어야 할 공은 어디에도 보이지 않았다. 뒤를 돌아봤다. 공은 포수 미트 속에 숨어 있었다. 짐짓 헛기침을 했다. 그리곤 마치 실수였다는 듯 호쾌하게 웃어넘겼다. 너무 화려한 걸 보여주려다 어깨에 잔뜩 힘이 들어가 타이밍을 맞추지 못했던 것이다.

하지만 3구도 스윙. 고개를 갸웃거렸고 슬슬 덕아웃 쪽에서는 낄낄대는 웃음소리가 귓전을 간질이고 있었다. 더 민망한 건 상대팀 투수는 첫 구를 제외하고는 계속 느린 변화구로 한가운데 정면승부를 펼치고 있다는 것. 마치 쳐 볼 테면 쳐 보라는 식이었다. 그리고는 다음 공 두 개를 연거푸 유인구로 던졌지만 잘 참아내 투 스트라이크 쓰리볼. 이제 풀카운트에 이르렀다.

파울볼 두 개를 커트해 낸 다음 7구째. 드디어 포물선 궤적을 그린 투수의 공이 눈에 들어왔다. 옳거니! 나는 있는 힘껏 볼을 때려냈다. 하지만 힘없이 내야로 굴러갔고 결국 평범한 땅볼 아웃이 되고 말았다. 꺾이는 변화구에 배팅 타이밍을 제대로 맞추지 못했던 것이다. 그 한 타석 이후 나는 즉시 방출 수모를 당했다. 보여준 것이 없었기에 따로 항변할 수도 없었다. WBC 강국 외국인 타자에 대한 기대치가 아직 남아 있었던 걸까. 마음씨 착한 상대팀 주장의 배려로 다시 반대편 팀에 전격 입단(?)해 그 다음 이닝에 타격 기회를 부여받았다. 결과는 역시나 땅볼 아웃. 결국 2타수 무안타의 초라한 성적표를 받아들고 경기를 끝마쳤다.

오랜만에 내가 좋아하는 스포츠 플레이를 펼치니 익숙함과 반가움에 기분은 좋았다. 경기 후엔 서로 사진도 찍고 이메일 주소도 교환했다. 악수를 나눈 선한 인상의 선수들의 팔근육이 단단하다. 경기가 끝나고 모두 돌아가야 했

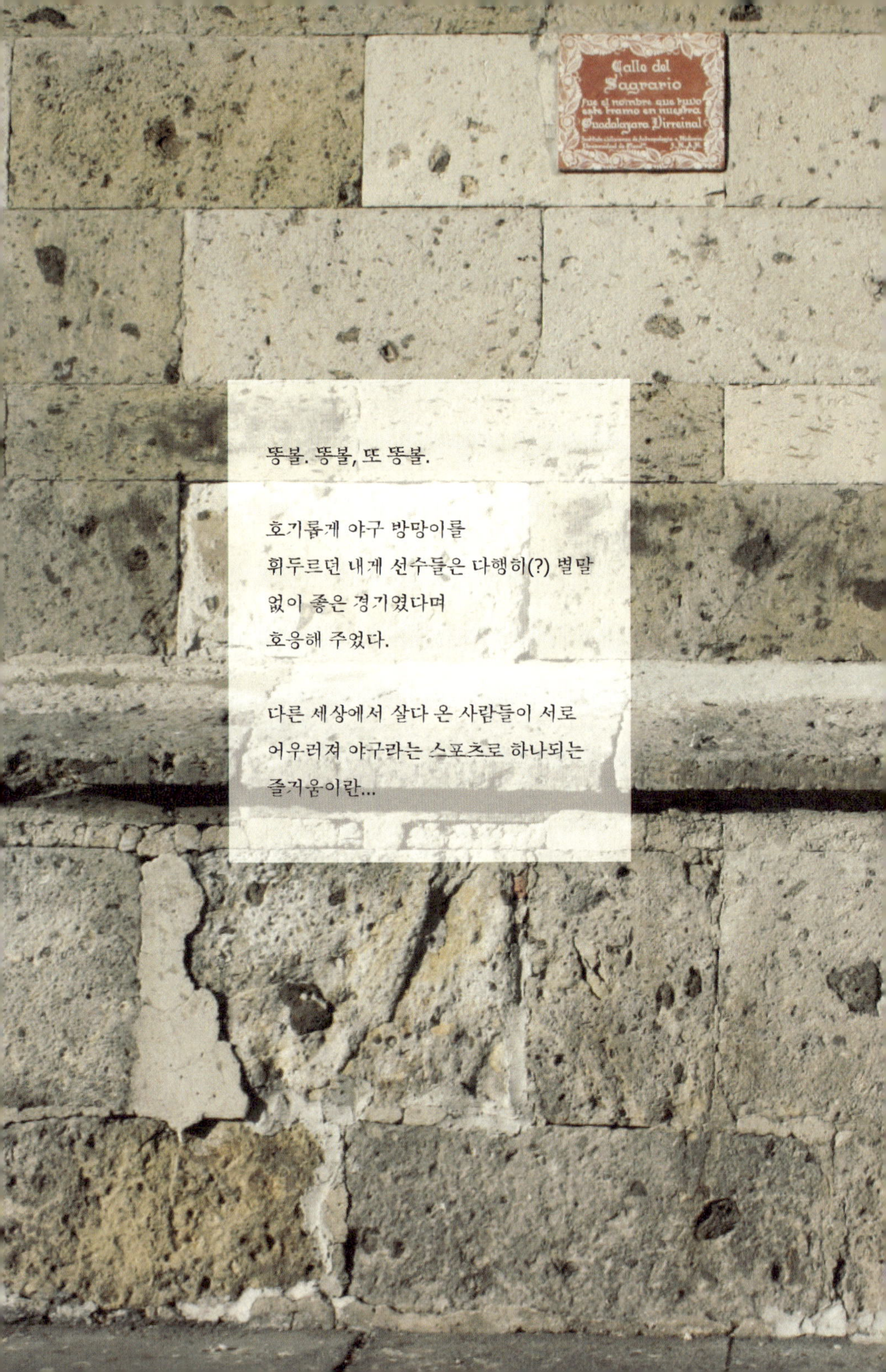
똥볼. 똥볼, 또 똥볼.

호기롭게 야구 방망이를
휘두르던 내게 선수들은 다행히(?) 별말
없이 좋은 경기였다며
호응해 주었다.

다른 세상에서 살다 온 사람들이 서로
어우러져 야구라는 스포츠로 하나되는
즐거움이란…

 으므로 잠시 얘기를 나눈 뒤 선수들은 뿔뿔이 흩어졌다. 늦은 오후, 텅 빈 운동장에 홀로 앉아 상념에 젖은 난 선동열보단 김성한이 되겠다며 공사장 각목을 집어 들고 오리 궁둥이 흔들던 어린 시절을 회상했다. 🚲

● ● ● ●

길에서 인생을 배우는 아이들

나무 그늘 아래에는 몇 명의 십대 소년들이 하릴없이 시간을 보내고 있었다. 친숙한 느낌이다. 아까부터 계속 같은 자리에서 야구를 구경하던 녀석들이다. 경기가 끝나자 이제야 좀 더 선명하게 존재가 각인된 것이다. 항상 오픈 마인드로 다니자는 취지였기에 자리를 털고 일어나 먼저 다가가 웃으며 말을 건넸다.

"뭐하고 있어?"

아이들은 내가 다가가자 자기네들끼리 웃다가 빈곤한 단어를 끼워 맞춘 서툰 영어로 대답한다.

"야구경기 보다가 지금은 그냥 있어."

녀석들은 15세 정도 되어 보였으며 늘상 어울리는 동네 친구들인 듯했다. 질풍노도 시기의 정점에 서 있는 개구쟁이들이었지만 웃는 게 라틴 특유의 시원시원한 모습이다. 일행은 6명이었다.

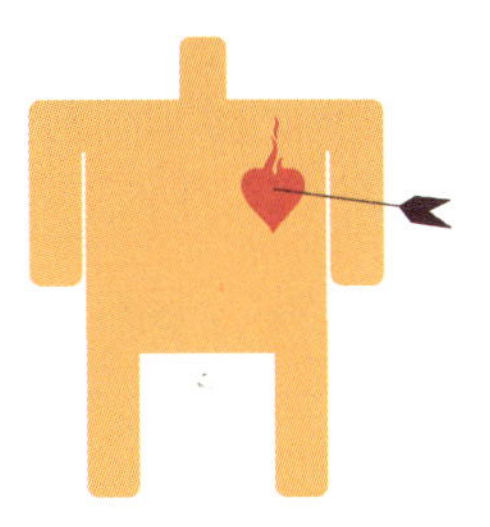

“사진 한 장 찍어줄까?”

심심해하는 아이들에게 뭔가 색다른 즐거움을 주고 싶었다. 가난한 아이들이라 디지털 카메라나 캠코더에 대한 접근이 어려울 것이다. 이럴 때 한번 경험시켜 주는 것도 좋겠다 싶었다. 녀석들은 쑥스러워하면서도 갖가지 포즈를 잡으며 사진 찍히는 걸 즐겼다. 제3세계 아이들이 거의 그렇듯 녀석들도 사진 이미지를 보면서 신기해하며 마냥 좋아라 한다. 한참을 그렇게 재미있게 놀았을까. 자기네들끼리 머리를 맞대 쑥덕공론을 하더니 갑자기 한 녀석이 제안을 해 왔다.

“네가 포즈를 취하고 있으면 우리가 직접 사진 찍어줄게.”

사진기를 만져보고 싶어 하는 눈치다. 전혀 문제될 게 없었다. 고난이도 숙련을 요구하거나 고가의 장비가 아닌 이상 남에게 자기 물건 안 빌려주는 쫌생이 짓을 치사하다고 생각하던 나였기에 단번에 좋다고 화답했다. 일단 작동이 간단한 디지털 카메라부터 알기 쉽게 하나하나 시연을 해 가며 가르쳐 주었다. 다음에 캠코더를 같은 방법으로 설명하니 내 주위를 둘러싸 멀뚱히 구경하던 아이들은 일제히 ‘아!’ 하며 알았다는 듯 고개를 끄덕인다. 왕성한 성장 호르몬을 분비하는 소외된 아이들의 호기심을 보자니 더욱 열정적으로 가르쳐 주고 싶었다.

어느 정도 이해가 된 듯해 캠코더는 한쪽에 놓아두고 DSLR 카메라를 건넸다. 카메라를 건네받은 한 녀석이 나를 향해 렌즈를 들이댔고 난 어설프게 포

즈를 취했다. 다른 녀석들은 뭐가 그리 즐거운지 카메라를 바라보며 연신 킥킥댄다. 이곳 아이들이 나로 인해 한 번이라도 이런 즐거운 경험을 갖게 된다는 점에 내심 기분이 좋았다. 한 아이는 사진을 찍으려다 위치 조절이 잘 되지 않는지 한두 걸음 뒤로 물러난다. 그런 다음 렌즈를 보며 고개를 갸웃거리더니 다시 두세 걸음 뒤로 물러났다. '이 정도면 내가 작게 나올 텐데' 생각하고 있을 때 녀석은 몇 발자국 더욱 물러났다.

'녀석들 그렇게 가르쳐줬는데도 수정체를 제대로 맞추지 못하나?'

그때였다. 갑자기 뒷걸음치던 아이들이 몸을 돌려 그대로 달아나기 시작했다. 해맑게 웃는 표정이다. 무슨 비장한 표정 따위가 아니었다. "뭐하는 거야? 얼른 와!" 대체 무슨 꿍꿍이인지 몰랐다. 그저 내게 관심받기 위한 액션인가 정도로 생각했다. 나는 몇 번이나 제자리에서 손을 흔들며 돌아오라고 소리쳤지만 녀석들의 발걸음이 아닌 공허한 메아리만 되돌아 올 뿐이었다.

갈수록 거리가 벌어졌다. 심상찮은 분위기가 감지될 때쯤 더 황당한 일이 벌어졌다. 옆에 있던 조그만 체구의 아이가 어느 틈엔가 캠코더를 낚아채 다른 방향으로 도망가고 있는 것이었다. 도무지 상황 파악이 안 되었다. 급작스런 반응에 당황한 나머지 발등에 말뚝을 박은 것처럼 몇 초간 땅에 발이 묶여 있었다. 그리고 나서야 정신이 번쩍 든 나는 미친 듯이 튀어 나가기 시작했다. 내 생애 가장 다급한 달음박질이었다.

하지만 미처 준비되지 않은 근육세포들을 조이는 데에는 시간이 턱없이 모자랐다. 이곳으로 오는 동안 거친 황야를 지나면서 체력적으로 상당히 지쳐 있었고, 어느덧 나도 질풍노도의 순발력을 따라잡기에는 벅찬 게으른 20대 후반이었다. 내가 우사인 볼트가 아니란 것은 명명백백했다. 숨이 차오르고 어지러움을 견디다 못해 그만 하늘을 향해 서러운 눈초리를 쏘아댔다. 남들에게나 일어나야 했을 거라는 이기적인 망상들이 머리를 정신없이 두들겨 댔다. 그리고 그 시선이 힘없이 땅바닥에 쏟아지는 순간 난 믿고 싶지 않은 현실을 인정하기 싫어 눈을 꼭 감아버렸다.

거친 호흡, 복잡한 골목 사이로 아득히 멀어져 사라진 아이들, 그리고 빈 손. 어처구니없게 눈앞에서 도난을 당했다. 그것도 십대 아이들에게. 그들이 칼을 들고 위협한 것도 아닌데 이렇게 허무하게 당하다니. 쓰디쓴 신물이 올라올 만큼 허탈하고 어이가 없었다. 잃어버린 DSLR 사진기와 캠코더도 그렇지만, 무엇보다 그 안에 담긴 귀중한 자료들이 다 날아갔다. 초(超)프롤레타리아 극빈 생활로 일구어가는 자전거 여행자에게 250여만 원어치의 가격도 가격이지만 그 안에 긴 지난날의 추억과 글을 쓰기 위한 자료들은 정말 무엇보다 소중한 것이었다. 더욱 마음이 아픈 건 그들이 아이들이었다는 점이다. 이 나라에 대한 신뢰가 한꺼번에 무너졌다. 트라우마 때문에 이제 앞으로 또 어떻게 그들에게 마음을 함부로 열 수가 있겠는가.

사건 직후 발 빠르게 경찰에 신고했다. 이곳에서 유리 공장을 운영하는 이재붕 사장님과 긴급히 차를 몰고 동네 순찰을 나섰다. 하지만 밀리언 시티인

'사람을 믿지 말고 사랑하라.
가슴에는 뜨거운 열기를 항상
담아두되 머리에는 그 열기가
올라가지 않게 하라. 포기란
없다. 이딴 걸로 포기하는 건
도무지 자존심이 허락하질
않는다. 다시 시작이다!'

에르모시요Hermosillo에서 사람을 찾는다는 게 어디 쉬운 일인가. 윗동네, 아랫동네, 옆동네 샅샅이 훑어봤지만 끝내 그들의 족적을 찾을 수 없었다. 오히려 빈민가를 쑤시고 다니는 통에 마약구매의심자로 신고가 들어왔다. 피해자임에도 경찰에게 심문당하는 웃지 못할 촌극이 벌어졌다. 아이들이 바보가 아닌 이상 이미 몸을 깊숙이 숨겼을 것이다.

"멕시코가 얼마나 위험한 동네인데. 여기 나랑 만나는 한인 한 명도 자동차를 두 번이나 잃어버렸어, 잠깐 차 세워둔 사이에. 결국 외딴 산길에서 발견은 했는데 타이어고 백미러고 뭐고 다 뜯어간 거야. 그뿐인가? 난 공장을 털렸다네. 도둑들이 글쎄 아예 지붕을 뚫고 들어왔더라구. 개네들은 심지어 콘크리트도 깨서 물건을 훔쳐 가. 근데 더 지독한 건 뭔지 알아? 다음 날 또 털어 갔다는 거야. 며칠 뒤에 뚫린 지붕 수리하려고 대충 임시로 때우고 설마 또 오겠어 했는데 허를 찌른 거지.

잘 들어둬. 아마도 학교 다니지 않은 애들을 만난 것 같아. 돈 없어서 학교 못 가는 애들도 많으니까. 여기 아이들은 말야, 길에서 인생을 배우거든. 그래서 거칠어. 학교에 다니는 애들보다 머리 회전도 빠르고……. 거리에 있는 애들은 생존과 사람 사이의 관계에 대해 더 빨리 파악하지. 참 영악하고 얍삽해. 게다가 가난하니 조금이라도 돈 되는 게 보이면 그 기회를 놓치지 않으려고 하는 거야. 그렇기 때문에 어리지만 결코 만만하게 볼 애들이 아니야. 그래도 몸 안 다친 걸 다행으로 생각해. 칼이라도 들었으면 어쩔 뻔 했나?"

카메라와 캠코더를 찾으러 사방팔방 헤매며 며칠을 아무것도 하지 못한 채 폐인 생활로 지냈다. 일주일째 되던 날, 나는 모든 걸 겸허하게 받아들인 채 그들을 내 마음속에서 자유롭게 풀어주기로 했다. 어른이 된 후 내 마음을 조금이라도 이해할 때가 온다면 녀석들이 지금의 잘못을 반성하고 성실하게 살아가는 인생이 되길 바라면서.

익숙한 환경과 습관적인 만남 사이에서 예측 가능한 일들로 매너리즘에 빠지기는 죽기보다 싫었다. 여행은 너무나 매력적인 인생 공부가 된다. 그것이 하나의 새로운 풍경과 만나는 창의적 접근이기 때문이다. 처음에는 펑크와 폐가, 다음엔 코요테, 이젠 도난까지. 그럼 그 다음은 뭘까? 아직 세상은 나에게 보여줄 다이나믹함이 너무 많이 남았다는 생각이 든다. 그럼에도 불안보다 기대가 더 큰 이 심리는 도대체 뭘까?

가능성을 미완으로만 남겨두는 건 전적으로 젊음에 대한 직무유기다. 그리고 젊음은 순간이다. 촘촘히 이어진 생의 숭고한 최선들이 나중에 튼실한 인격과 지혜의 동아줄이 될 것이다. 어떠한 시련 속에서도 이 걸음 멈추지 않으리라.

에르모시요를 떠나면서 나는 그들이 나에게 상처 준 일만으로 그들을 판단하지 않을 것을 다짐했다. 그들도 자기만의 사정이 있고 존중받아야 할 인격체다. 훔쳐간 아이들을 힐난하기보다 그럴 수밖에 없었던 그들의 상처와 아픔을 보려 한다. 아이들이 자라온 환경 속의 아픔과 상처를 이해한다면 나는 그들을 함부로 비판할 수 없을 것이다. 더욱이 나조차 누구를 비판할 자격이 없는 인생임을 잘 알고 있다.

그리고 보면 나는 참 부요한 인생을 살고 있다. 그들보다 많이 누리고, 또 많이 부린다. 그러는 중에 얼마나 감사해 왔는지 자문해 본다. 그리고 소외된 이웃과 또 얼마나 정을 나누었는지 되짚어 본다. 문득 잘못했다면 화낼 자격이 없고, 잘못하지 않았다면 화낼 필요가 없다는 간디의 말이 나를 다시금 반성케 한다.

MEXICALI
BAJA CALIFORNIA
SONORA
HERMOSILLO
CHIHUAHUA
CHIHUAHUA
MEXICALI
JALISCO
COLIMA
COLIMA
MICHO

"한 번 멕시코의 먼지를 맛 본 사람은 지구상 어느 곳에서도
그러한 평안을 얻지 못한다."

— 멕시코 속담 —

MEXICO

오브레곤
Obregon
나바호아
Navojoa
쿨리아칸
Culiacán
마사틀란
Mazatlan
테픽
Tepic
과나후아토
Guanajuato
과달라하라
Guadalajara
모렐리아
Morelia
멕시코시티
Mexico City

자네와 나 단둘이 이 밤을 풍류 삼아
지나간 사랑 얘기 아쉬움 떨쳐내니
아뿔싸 몰래 엿듣던 달님도 탄식하네.

PART2

중부 멕시코

여행, 익소은 감정과 사강이 온기에 익숙해지기

기차 타고 떠난 맛 따라 길 따라

느림의 미학 '치와와 — 태평양 연안선'의 매력

여행자들은 열차 여행의 최고봉은 단연 시베리아 횡단 열차라고 입을 모아 말한다. 일리가 있고도 남는 말이다. 누군가는 유럽의 유로스타나 아프리카의 타자라 열차, 혹은 중국, 인도 열차 여행에 대한 특별한 경험으로 한껏 무용담을 풀어내기도 한다. 그리고 여기 아직까지 그렇게 많이 알려지지 않은 또 하나의 명물 철도가 있다.

'치와와 — 태평양 연안선'. 멕시코 중부 산악지역을 횡단하는 이 완행열차는 2000년대 초반 가이드북 시절에 비해 이미 2배로 가격(777페소, 2010년 기준 약 60달러)이 올라 있었다. 옛 비둘기호 뺨치는 속도에 부대시설 역시 변변치 않지만 여행자들은 특별한 의미의 이곳을 자주 찾는다. 멕시코 최대의 주 치와와Chihuahua에서 캘리포니아 만에 이르는 653km의 길 위엔 그랜드캐니언보다 더 웅장하다는 쿠퍼 캐니언Cooper Canyon을 포함한 대자연의 장엄한 경관을 볼 수 있기 때문이다. 여기에 북부 멕시코에서 두 번째로 큰 원주민인 따라우마라Tarahumara 족을 만날 수 있다.

처음 철도 부설을 계획하고 나서 험난한 자연환경은 공사 진척을 더디게 만들었다. 야욕의 외투를 두른 자연에 대한 인간의 무모한 도전은 결국 수많은 희생자들을 만들어 냈다. 더구나 멕시코 혁명에 이은 정부군 방해 등의 우

DIVISADERO

철로를 깐 건 비단 노동자의 땀만은 아니었다.
골짜기마다 하류인생들의 비명횡사가 없었더라면
이토록 아찔한 무대 위로 길이 만들어지진
못했을 것이다.

철로를 깐 건 비단 노동자의 땀만은 아니었다.
골짜기마다 하류인생들의 비명횡사가 없었더라면

여곡절을 겪은 끝에 장장 90년의 세월에 걸쳐 만들어진다. 치열했던 근대 멕시코 역사의 궤와 함께 한 것이다. 도난 사건 이후 마음을 풀러 왔기에 역사보다는 경관에 초점을 맞추기로 했다. 오랜만에 자전거를 두고 온 나는 홀가분하게 기차에 탑승했다.

기차는 서서히 치와와 역을 빠져나갔다. 여전히 잃어버린 카메라와 캠코더에 대해 진정되지 않은 가슴을 억누른 채 안식을 찾아 헤매는 시선은 온통 푸르름으로 치장한 숲을 바라보며 사색에 잠겨 있었다. 특별할 것도 없는 산악 완행열차지만 여행 중 처음으로 길을 개척하지 않고 맡겨진 루트대로 간다는 사실이 내겐 특별한 것이었다. 카라멜 마끼아또 한 잔 홀짝이며 차창 밖을 감상하는 여유가 그립지만 커피 대신 콜라라도 그 여운이 옅어지는 것은 아니었다.

언제부턴가 비둘기호에서 KTX로 진화하는 철도의 역사 속에서 우리는 '칙칙폭폭' 의 리듬감 있는 마찰음을 점점 더 잊어가게 되었다. 레일을 타는 열차의 움직임은 더 세련되고 부드러워졌지만 그 안에 주름진 얼굴로 마주하던 후덕한 사람 냄새는 사라진 것이다. 그래서일까. 실로 오랜만에 덜컹거리는 열차에서 난 촌스런 익숙함을 즐기며 이 순간을 즐기고 있었다. 목적은 달라도 목적지는 같은 사람들끼리 눈빛을 마주치면 입꼬리가 올라간 채 가볍게 눈인사하는 인정의 소통이 있는 곳. 출발한 지 10분도 되지 않아 거창한 이름에 실제는 촌스런 이 완행열차가 마냥 좋아졌다. 🚲

● ● ●

끄레엘, 차분해진 여행

기차는 몇 개의 역에서 정차한 뒤 5시간 만에 중간 기착지인 끄레엘Creel 역에 도착했다. 여기서 이틀 정도 머물 요량으로 기차 계단에서 사뿐하게 뛰어내렸다. '치와와-태평양 연안선'이 거치는 역 중에서도 여행지의 내음이 가장 물씬 풍긴다는 이곳에서 잠시 마음의 묵상을 가져보려 한 것이다.

기차에서 내리자마자 산골짜기 마을에 소담스런 경치가 눈에 들어온다. 호흡을 가다듬어 깊게 들이쉰 숨이 무척이나 상쾌할 정도로 나무로 빽빽한 산이 병풍처럼 둘러쳐 있고, 알록달록 예쁜 색깔들의 집들이 모여 있는 곳. 어쩐지 사람보다 마을에 대한 매력에 푹 빠질 것 같은 느낌이다.

정적인 동시에 오밀조밀한 움직임이 있고, 차분한 동시에 서두르지 않는 여유가 있다. 역에 내리자마자 가장 먼저 숙박을 정해야 했다. 몇몇 호객꾼이 접촉을 시도했으나 이런 경우 발품을 팔면 더 나은 조건의 숙박을 얻을 수 있다는 걸 알기에 웃으며 거절했다. 지금은 11월 비수기. 그래서인지 마을의 제법 많은 숙박시설들이 비어 있다.

캐리어를 끌고 이리 기웃 저리 기웃, 초보 행색 들통 난 나에게 열 살 정도 되어 보이는 남루한 옷차림의 한 아이가 다가왔다.

"형, 숙소 찾는 중이야? 내가 아는 곳이 있는데 하룻밤에 250페소거든. 아침

과 저녁까지 무료로 제공해 줘. 함께 가지 않을래?”

“글쎄. 조금 더 둘러보고.”

신중해야 했다. 눈에 밟히는 게 숙박시설이라 다 둘러보고 와도 늦지는 않을 성싶었다.

“그럼 200페소는 어때?”

단번에 20%가 할인된다. 아이들은 철저히 비즈니스 영어에 길들여져 있었다. 조금이라도 다른 얘기를 영어로 하면 못 알아듣는다. 단지 하룻밤에 얼마인지 부대 서비스는 무엇인지 정도는 서투르게나마 영어로 대화가 가능하다. 그것이 그들의 생존 방법이기 때문이다. 그 아이의 눈빛을 보니 마음이 금방 여려졌다. 물론 자전거를 타고 여행할 때에는 하루하루가 5불로 연명하는 필

사적인 생존이었지만 여유를 가지고 떠나 온 여행에서까지 페이롤Payroll에 집착하고 싶지 않았다. 아이를 따라가기로 했다. 녀석 얼굴에 화색이 돈다. 숙소를 소개해 주고 수고료를 받는 얼마간의 커미션은 군것질 할 수 있는 든든한 용돈이 될 것이다.

200페소를 염두하고 들어간 숙소는 룸이 아닌 도미토리의 경우 100페소만 받는단다. 도미토리에 묵고 있는 다른 여행자로부터 우연히 들은 정보다. 역시 여행은 정보가 생명이다. 100페소라니 이층 침대로 된 도미토리에 묵기로 단번에 결정했다. 아침과 저녁식사가 포함된 가격이라면 이보다 더 좋을 수 없다. 외국 친구들을 사귀는 건 덤이다.

숙소를 정하자마자 밖으로 나왔다. 선선한 가을 햇살 아래 따뜻한 온기를 품은 것 같은 노란색의 성당과 바로 맞은편에 위치한 깔끔한 화이트 톤의 교회를 중심으로 군을 이룬 마을은, 열차 여행자들로 경제를 꾸려나가는 관광 도시 아니랄까 봐 숙박과 기념품 가게 들로 넘쳐난다. 하지만 복잡한 스케줄을 염두하지 않아도 되는 한가로운 풍경이다. 거리의 여인네들은 풍부한 색감을 지닌 전통복장으로 거리를 활보하고, 남자들은 멋진 솜브레로 아래로 여유로운 미소를 보낸다. 학교를 끝내고 친구들끼리 재잘대는 아이들의 맞은편엔 가난을 기저로 삼은 또 다른 코흘리개 아이들이 어색한 장사꾼이 되어 장신구들을 팔지도 못한 채 여행자 사이로 서성거린다.

지금까지 쭉 사람을 만나는 여행을 해 왔다. 그들의 얘기를 듣고 그들의 눈을 보며 그들과 교감을 나누는 데서 의미를 찾았다. 그런데 이곳은 느낌이 다르다. 동네를 산책하기 위해 한 걸음 한 걸음 차분히 내딛을 때마다 사람이 아닌 마을을 보게 된다. 가을바람을 타고 오는 인디오들의 냄새가 밴 것만 같은 마을의 독특한 향기가 있다. 아이들은 낯선 사람을 보고서는 부끄러워하진 않지만 사진기를 보고는 그만 수줍어 얼굴을 돌려버린다. 짐짓 웃어 보이며 말없이 사진기를 흔드니 여유를 찾았는지 렌즈를 보며 환하게 웃는 모습이 정겹다.

혼자 있어도 외롭지 않다는 생각, 게으름이 여유로 다가오는 느낌. 이 마을의 고즈넉한 분위기가 속세에 물든 욕망의 한 점 찌꺼기까지 날려버리는 것만 같다. 얄푸른 하늘 아래 성당의 종소리가 메아리친다. 거룩한 파고를 만들

찬란한 멕시코 문명의 유물들

며 흩어지는 청백의 종소리에 잠시 마음이 숙연해진다. 성당의 종소리에 마음이 울린 순간,

'이건 밥쇠(절에서 밥 먹을 때 여러 사람에게 알리기 위해 다섯 번 치는 종)로군.'

청각적 자극으로 허기가 진 나는 발걸음을 급히 돌려 숙소로 향했다.

바람둥이와 젠틀맨의 여행 목적

저녁시간은 여행자들로 북적인다. 숙박에 식사비가 포함되기에 숙소에 묵는 여행자들이 다같이 얼굴을 본다. 모두가 스스럼없이 친구가 되는 시간. 빵과 수프, 그리고 볶은 닭고기와 감자로 만든 간단한 요리를 두고 사람들은 저마다 여행의 경험과 계획 들을 이야기한다. 내가 머무는 도미토리에는 두 명의 외국 친구가 있다. 런던에서 온 영국 친구 샘sam, 밴쿠버에서 온 캐나다 친구 앤드류andrew.

식사 때 테이블에서 인사를 나눈 우린 서로 다른 휴식을 택해 잠시 헤어졌다. 내가 숙소에서 책을 읽는 동안 범생이 스타일의 샘과 날라리 기질이 다분한 앤드류가 밖에서 기분 좋게 한잔하고 들어온 것이다. 늦은 밤 둘의 홍조 띤 얼굴을 마주하니 분위기는 훈훈해졌고 본격적인 얘기가 오고간다.

"문, 넌 자전거 세계일주라며? 미치지 않고서야 어떻게 그런 짓을."

먼저 앤드류가 익살스럽게 포문을 열었다. 내 여행 방식을 듣고서는 어이없다는 듯 헛웃음을 짓는 껄렁껄렁한 그의 말투에는 놀라움이 섞여 있다.

"물론 힘들긴 하지만 그렇다고 생각만큼 그렇게 어렵지만은 않아. 자전거만이 주는 특별한 낭만이 있거든. 낯선 세계에서 낯선 사람들을 만나는 데에는 자전거만한 탈것이 없지. 자전거야말로 현지인들에게 친근하게 다가갈 수 있는 최고의 이동 수단이거든. BMW나 할리 데이비슨을 타고 다닌다면 위화감이 생기겠지? 그런데 앤드류 넌?"

"난 육로로 세계여행 중이야. 캐나다를 왔다갔다 하면서 여름엔 돈을 벌고 그 돈으로 다른 시즌엔 여행하고 경비가 떨어지면 다시 캐나다로 돌아가 돈을 벌어 나오는 거지. 비행기를 타지 않고 땅으로만 다니거든. 경비 문제도 있지만 그보다는 더 많은 경치를 천천히 구경하고 싶거든. 그래서 콜롬비아에서 파나마 건너올 땐 배를 탔어. 어쩔 수 없이 바다가 낀 국경을 건널 땐 배를 이용하는 거지. 어디라도 비행기 없이 가능한 한 멀리 가고 싶어."

"매번 왔다갔다 돈을 벌어 다시 나오기도 쉽지 않을 텐데……."

"그렇긴 하지. 난 지난 5년간 토론토 대학에서 역사를 공부하고 학위를 따려고 발버둥 쳐 왔지. 그러다 새로운 형태의 공부를 발견했어. 돈에 대한 압박과 시간에 대한 스트레스에서 벗어나 보다 궁극적인 배움을 찾아낸 거야. 그게 여행이지. 사람들은 어떻게든 이해되는 진실이 없는 상황을 꺼리지. 하지만 여행

술에 취한 앤드류와 샘

을 단지 무언가 이해하기 위해서 하는 건 아니잖아? 사람들은 여행하면서 자아를 찾는다고 하는데 나는 반대야. 여행하는 순간만큼은 나를 잊어버리고 싶거든. 세상과 삶은 공통점이 있는데 그것은 끊임없이 변화한다는 거야. 여행을 통한 경험들에서 그 변화에 대처하기 위한 아이디어를 얻는 거지."

조용히 듣고 있던 샘도 대화의 보조를 맞췄다.

"난 7개월째 기차로 세계여행 중이야. 회사에 휴직계를 내고 1년 예정으로 나왔는데 사진도 찍으면서 이 여행을 통해 내 꿈을 다시 한 번 재정립 하려고. 난 믿어. 기차를 타고 지구의 표면을 헤치며 가는 길이 다른 문화에서 사는 사람들을 더 잘 이해시켜 준다는 것을. 더욱이 기차를 타며 차창 너머로 펼쳐지는 기가 막히는 풍경에 흠뻑 매료됐거든."

"다녀본 곳 중에 어디가 가장 좋았어?"

"음, 지금까지 남미와 러시아, 중국, 티베트, 몽골, 미국을 다녀왔고 지금은 보시다시피 멕시코에 있지. 근데 가장 좋았던 곳은 물론 티베트이야. 지금까지 세계여행을 하면서 가장 아름다운 풍경과 가장 아름다운 사람들을 볼 수 있었어. 기회가 된다면 다시 한 번 가보고 싶어. 그땐 그냥 갔었지만 지금은 철로가 건설 중이라지 아마? 그 광대한 세상을 기차 타고 보고 싶긴 한데 지금 상황(티베트 독립운동을 억압하는 중국 정부의 행태)이 참 그렇지 뭐야."

서로의 여행 수단은 달랐지만 우리가 추구하고 있는 건 엇비슷했다. 특별한 경험을 통한 스스로의 변화, 발전, 그리고 비전 등등.

 "그래, 혼자 그렇게 오래 다닌다니 여자친구는 없는 거야?"

우린 다들 장기여행 중인 젊은 남자들이었으므로 서로의 여자친구가 궁금하지 않을 수 없었다. 방송국에서 근무하는 샘은 영국에 끈적끈적한 애정을 과시하는 걸프렌드가 있고, 반대로 난 혼자인 상태였다. 이럴 땐 제 발 저려도 솔로예찬 하는 게 상책이다.

"혼자가 편하지. 여자친구와 함께였다면 이 여행이 분명 더 힘들었을 거야. 그리고 자유로운 혼자일 때 더 깊은 사색을 통해 자신을 발견할 수 있거든. 어쨌든 난 이 여행이 끝난 후 한국 돌아가서 사귈래."

"난 있기도 하고 없기도 해."

앤드류가 알쏭달쏭한 대답을 하자 우리는 그의 입에서 나올 연유가 궁금하여 귀를 쫑긋 세웠다.

"이번 여행이 여자친구와의 관계를 지속하느냐 끝내느냐 하는 중대 기로야. 실은 이 여행 전에 그녀와 크게 다퉜거든. 우린 생각도 다르고 무엇보다 라이프스타일이 너무 달라. 관계를 지속하기가 쉽지 않았어. 그래서 여자친구와 얘길 했지. 내가 이 여행을 끝내고 돌아와서도 서로에 대한 감정이 식지 않는다면 다시 잘해 보는 거고 아니라면 끝내자고. 서로가 서로에게 얼마나 구속되는지 얼마나 소중한 존재인지 떨어져 지내면서 알아볼 참이야."

앤드류는 점잖게 차가운 표정으로 고민을 토로했다. 잠시 침묵이 흘렀지만 난 분위기 환기 차원에서 앤드류에게 농을 건넸다.

“이 여행이 바람둥이의 비참한 말로가 될지도 모르겠군.”

대화 도중 난 컴퓨터를 꺼내 일기를 쓰기 시작했다.

“오늘은 끄레엘에서 만난 영국 젠틀맨과 캐나다 바람둥이에 관한 얘길 써야겠어.”

“바람둥이라. 딱이군.”

“이보라구, 내가 왜 바람둥이야!”

“문이 널 바람둥이라고 하잖아. 난 젠틀맨이거든.”

샘이 살살 장난치자 앤드류도 어쩔 수 없다는 듯 피식 웃어버린다. 하지만 앤드류는 짓궂은 분위기에 적응했는지 어깨를 들썩이며 체념한 듯 한 마디 내뱉는다.

“난 괜찮아. 아직 스물 셋이니. 좀 더 신나게 놀아야지. 안 그래? 돌아다녀 보니 예쁜 여자는 어디에도 항상 있더군. 하하하.”

우린 그만 폭소를 터트리지 않을 수 없었다. 차분하면서도 넉넉한 풍요로움이 느껴지는 샘, 에너지 넘치는 바람둥이 기질의 앤드류, 그리고 무모한 도전을 통해 꿈의 알갱이를 찾아내려 맨땅에 헤딩하듯 노력하는 철없는 나. 세 남자의 반대화는 이렇게 밤을 늦게까지 밝힐 만큼 계속되었다.

다음 날 아침, 세 남자는 모두 각자의 방법과 방향으로 흩어지는 길목에서 서로가 꿈을 이루고 멋진 인생이 될 수 있도록 격려하는 마지막 인사를 잊지 않았다. 다시 기차로 떠나는 샘과 차로 떠나는 앤드류, 그리고 남아 있는 나. 힘

 차게 손을 흔들며 떠나는 여행자의 뒷모습이 뭉클하면서도 멋져 보이는 이 순간. 우리는 짧은 만남을 통해 또다시 추억의 한 페이지를 장식하고 있었다.

"너 하나 없다 해도 세상은 결코 변하지 않아. 하지만 네가 있으므로 세상은 더 아름다운 거야. 우리의 꿈과 멋진 인생을 위한 최고의 여행을!"

● ● ●

쿠퍼 캐니언에서 맛본 진미 칠레 레예노

피곤 때문에 늦게 일어나니 숙소가 암자처럼 조용하다. 다들 패키지여행으로 트레킹 하러 산으로, 노곤한 피로를 풀려고 온천으로 가는 마당에 나 또한 하루를 허투루 보낼 수 없어 입에 넣는 둥 마는 둥 간단한 아침식사를 한 뒤 쿠퍼 캐니언으로 향하는 도로로 나왔다. 아침에 열차를 놓쳤기에 비탈길을 따라 차량으로 이동하는 수밖에 없었다. 차량을 렌트하기엔 비싼 요금이다. 자, 그렇다면 다시 젊음을 만끽할 시간이다. 히치하이킹을 하기로 했다. 그러나 외진 산골에서 멀리 이동하는 차량을 섭외하기란 여간 어려운 게 아니었다. 이리 방방, 저리 붕붕, 줄기차게 손을 흔들길 한 시간여. 마침내 쿠퍼 캐니언에 산다는 현지인의 소형 트럭 탑승에 성공했다. 다만 좌석이 없었으므로 짐칸에 오르기로 했다.

하지만 호사다마라고 했던가. 이내 비가 쏟아지기 시작했다. 굵은 소나기가 내리붓기 시작하면서 온도가 급강하했다. 멀리 보이는 계곡에선 짙은 안개가 피어오르고 있었다. 숙소에 틀어박혀 있지 않고 히치하이킹까지 마다한 노력이 허사로 돌아갈까 비와 추위로 피폐해진 몰골은 변죽 울리는 하늘을 두고 원망했다. 쿠퍼 캐니언을 조망하기에 가장 좋다는 디비사데로Divisadero역에 도착할 때 다행히 비가 그쳤다. 대가를 바라지 않는 작은 도움에 감사하며 아이에게 바나나를 건넸다. 차에서 내려 터덜터덜 전망대를 향해 걷던 나는 여기까지 오는 내내 세찬 비가 내린 까닭에 풍경 감상은 체념하고 있는 중이었다.

'그래, 일단 먹고 보자.'

금강산도 식후경이랬다. 이따가 절경을 감상할 때 온 정신의 집중을 다하기 위해 일단 배부터 채울 필요가 있었다. 전망대 뒤쪽에 위치한 철로 바로 옆에는 여러 노점들이 김이 모락모락 피어나는 따끈따끈한 먹거리들을 팔고 있었다.

어쩜 꽃달임을 쏙 빼닮았다. 음식 앞에서 서성거리기만 해도 냄새가 눈으로 잡히고, 맛이 가슴으로 스며들어온다. 무엇을 먹든 나는 이미 황홀해할 준비가 되어 있었다.

"15페소야."

관광지임을 고려해도 결코 싼 가격이 아니다. 한 입 거리에 무려 15페소(약 1.2달러)라니. 과연 같은 가격의 귤 3kg만한 가치가 함의되어 있는지 내가 생

쿠퍼 캐니언에서 아래 세상을 내려다 보면
인간이 자연을 정복한다는 것이 얼마나
무의미한 일인지 …

몽환적인 분위기의 쿠퍼 캐니언

CHIHUAHUA PACÍFICO

경스런 이 음식에 감응하여 맛의 르네상스가 펼쳐질는지 잠시 의심했다. 심각하게 고민도 했다. 하지만 언제나 이 문장 하나로 결론은 미리 정해져 있다.

'지금 아니면 언제 또 여기 와서 이걸 먹어?'

우선 멕시코식 고추치즈튀김인 칠레 레예노Chile relleno를 골랐다. 생전 처음으로 마주한 음식이라 조심스레 접시에 담았다. 그리고 경건한 마음으로 한 입 베어 물었다. 고추 안에 잘 볶은 고기와 야채에 치즈를 듬뿍 넣은 맛. 아, 입 안에 천국이 펼쳐진다. 칠레 레예노라. 그 맛에 감읍하여 감정까지 밀어 넣지 않으면 도저히 삼킬 수조차 없었다.

나는 지금 복받치는 감정을 주체하지 못하고 입 안에서 펼쳐지는 맛의 오케스트라에 압도되어 있는 중이다. 신선한 야채가 자극적이지 않고, 보드라운 치즈가 혀끝에서 살살 녹으며 바삭바삭한 튀김옷의 느낌이 미각세포를 흔들어 깨우는 순간 내 정체성이 식신으로 바뀌어 있었다. 감았던 눈을 다시 떴을 땐 난 이미 맛의 환상을 경험한 채 무언가에 홀려 있는 상태였다.

"아주머니, 두 개 더 주세요."

한국 음식이 그리울 때 매콤한 고추치즈튀김. 으아, 마파람에 게눈감추듯 하나 먹고, 맛을 보고는 너무 맛있어 당연히 하나 더 먹고, 비싸서 여기까지만 해 놓고선 또 하나 더 먹고, 배가 찼다 싶었는데 아쉬운 마음에 마지막으로 하나 더 먹고 말았다.

주머니 사정만 아니었다면 자리를 전세 내고 싶을 정도다. 불운하게도 비는 계속 내렸고 쿠퍼 캐니언의 웅장함을 제대로 감상하지 못했다. 하지만 그런 걱정은 이미 사라진 지 오래다. 한 점 지나지 않는 먹거리지만 함께 먹으면 만찬이 되고 무리지어 수다를 떨면 파티가 되는 것을. 기찻길 옆 노점에는 짧은 시간 동안 냄새에 이끌려 맛에 중독된 각국의 여행자들로 붐비고 있었다.

조용히 어둠이 깔리고 멀리서 기적 소리를 내던 기차가 안개를 헤치며 기찻길에 빨려온다. 기차가 멈추고 문이 열리자 승객들이 우르르 몰려나왔다. 그러고는 당연한 듯이 노점으로 가 한 봉지씩 음식을 산다. 짧은 시간을 이용해 쿠퍼 캐니언 경치를 구경하는 일부 여행자들도 있었지만 그들도 마지막에는 급히 먹거리 사는 것을 잊지 않는다. 나 역시 마지막일지도 모른다는 아쉬움에 또 두 세트를 더 주문했다.

기차가 출발하고 아득히 멀어지는 노점상의 먹거리들이 작은 점이 되어 갈 때 나는 벌써부터 주체하지 못할 만큼 그리움이 사무치기 시작했다. 너무 아름다운 장면도 혼자 보면 슬프지만 너무 맛있는 것도 혼자만 먹으려면 목이 멘다. 멕시코 들어와 빵만으로 버텼던 지난 배고픈 날을 생각하니 더욱 목이 멘다.

"아, 돌아보면 눈물겨워라. 마음을 비우기 전에 내장이 먼저 비어 있었던 내 젊은 날."

이외수 옹의 절규에 같은 동지로서 비장함마저 느껴진다.

내 손에 들린 아직 온기가 남아 있는 먹거리를 들고 식당 칸으로 들어갔다.

거기엔 나처럼 디비사데로 역 노점 음식에 환장한 동지들이 있었다. 식당 칸
에 들어서니 우아한 매너 대신 왁자지껄한 생동감에 입맛이 더욱 살아난다. 혼자 먹지만 결코 외롭지 않은 맛이었다.

인디오들의 손끝에서 만들어지는 칠레 레예노에 아이처럼 마냥 기뻤던 하루. 여행의 궁극적 해탈은 뭐다? 답을 아는 당신에게 칠레 레예노의 맛을 꼭 대접하고 싶다. 그리고 체면 때문에 빼지 않는다면 이외수 옹에게도 한 접시 해다 드리고 싶다.

사랑의 온기로 가득한 사람들

자전거 소녀, 자스민을 만나다

건조한 사막을 달리다 만난 해거름은 언제나 야영에 대한 부담감과 기대감을 준다. 오늘은 그럴 필요가 없었다. 날이 저물 무렵 젊은 취객이 운전하는 소형 트럭을 얻어 타게 된 것이다. 종일 100km를 달려도 닿지 않았던 과야마스 Guaymas로 가는 길이 한결 수월해졌다. 도시에 도착하자 이미 밤이 내렸다. 두리번거리며 시내 경찰서로 가는 방향을 곰곰이 생각해보았다.

"자전거 여행하세요?"

갑작스런 소리에 놀라 고개를 돌려보니 단정하고 또 얌전하게 보이는 한 소녀가 말을 걸어왔다.

"아, 네. 자전거 세계일주 중이에요. 여기 오는 내내 사람도 안 보이고 배도 고프고 해서 일단 도착은 했는데 숙소를 구하려구요. 혹시 주변에 호텔이든 모텔이든 싼 숙소 있나요?"

그녀는 내 얘기를 듣고 고개를 끄덕거리더니 말을 붙여왔다.

"저도 자전거에 관심이 많고 취미활동으로 동호회에 가입해 즐겨 타요. 제가 도와드릴게요. 음, 하지만 숙소 가격은 글쎄요, 잘 모르겠어요. 나를 따라 오세요."

그녀는 도로 맞은편 호텔로 나를 데려다줬지만 가격이 생각보다 비쌌다.

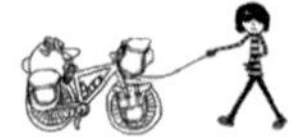

 “250페소라. 100페소 정도의 숙소는 없는 건가요?”

“비싸죠? 그렇다면 우리 집으로 갈래요? 우리 집에서 하룻밤 정도 자는 건 괜찮아요.”

“그쪽 집이요? 괜찮아요?”

“물론이죠.”

그녀는 처음 보는 낯선 동양 청년에게 예상치도 못한 제안을 해 왔다. 미국에서는 적지 않게 이런 경우가 있었지만 멕시코에서는 누가 가정집에 초대해주는 게 처음이라 당황스러웠다. 더욱이 밤에 만난 이름 모를 소녀가 말이다.

“아니, 처음 만난 낯선 남자를 집에서 재워도 괜찮냔 말이에요?”

그녀는 별걸 가지고 호들갑이라는 투로 웃어넘긴다. 그녀의 이름은 자스민 Jazmín. 열여덟의 학생이다. 자전거가 좋아 자전거 여행도 많이 다니고 집에도 자전거와 각종 장비가 있다고 소개했다. 그녀의 제안에 따라갈까 돌아설까 순간 적잖은 고민을 했다. 인상은 선해 보였지만 어쩌면 혹시 누군가와 짠 함정일지도 모를 일이었다. 나를 유인한 뒤 갑자기 수 명이 나타나 강도 행각을 벌일 개연성도 충분히 농후해 보였다. 행여나 내가 잘못될 가능성, 무엇보다 지난 카메라 도난사건 이후 멕시칸들에 대한 신뢰가 바닥을 치고 있어서 그리 맘이 편하진 않았다.

“어때요?”

대답을 기다리는 그녀의 말에 어떻게 대답해야 할지 몰랐다. 그녀의 눈은

어떤 의심의 싹도 피울 수 없을 만큼 순수해 보였다. 하지만 함부로 낯선 사람을 따라가는 판단도 그리 지혜로워 보이진 않았다. 장고 끝에 정중하게 말을 건넸다.

"저……."

"왜요?"

"아니요, 그냥."

의심 속에 묻고 싶은 것이 있었지만 참기로 했다. 일단 믿는 것이다. 마음을 열고 다가 온 사람에게 당연한 답례는 신뢰일테니. 자스민은 우물쭈물하는 내가 싱거웠는지 계속 멋쩍은 웃음을 짓는다. 하지만 여전히 내 마음은 좌불안석이었다. 뜬금없는 초대에 머릿속을 가득 메운 음모론을 마음에서 좀처럼 털어내지 못했다. 결국 아무 말도 못한 채 묵묵히 그녀의 발자국을 뒤따랐다. 조금

 이라도 의심이 생기거나 아니다 싶으면 언제든지 빠져나오리라 생각했다.

그녀의 집은 언덕배기 위에 위치해 있었다. 멀찍이 보기에는 다행히 부유한 동네라 한 걸음 내딛을수록 마음이 놓였다. 최소한 폐는 안 끼치겠구나 싶은 것이다. 중력의 법칙을 거스르며 언덕에 자전거를 밀어 올라가야 하는 길은 힘들었지만 별에 가까이 다가가는 낭만과 땀을 씻겨 주는 밤바람에 힘쓰느라 쭈그러진 얼굴을 환하게 펼 수 있었다. 간호사를 꿈꾸는 그녀 역시 이곳에서 어둠에 반짝이는 별을 보며 자신의 내일을 그려 보았으리라. 그녀는 걸으면서 힘겹게 영어를 쥐어짜내며 대화를 이어갔다. 한 마디 던질 때마다 자못 심각해지는 얼굴이 귀여워 보인다.

"여기가 우리 집이에요."

그녀의 집에 다다랐을 때는 조금 놀랐다. 주위의 집들에 비해 다소 허름해 보이는 곳이라 이런 집에서 초대를 했나 싶었기 때문이다. 말하자면 어느 정도 잘살기에 초대한 줄 알았는데 그게 아니었다. 자스민의 집은 그리 부유하지 못했다. 그것이 큰 상관은 없었지만 오히려 그녀가 스스로 주눅들까 봐 그게 걱정이었다. 집에 들어서자 좁은 공간에 아기자기하게 꾸며 놓은 장신구들과 벽에 걸린 오래된 낡은 사진들이 보였다. 부모님과 두 형제는 일 때문에 모두 에르모시요에 있었다.

"지금은 이모랑 둘이 살아요."

밤에 도착해 단 둘이 있었다. 어색한 건 둘째치고 뭐랄까 이 느낌, 처음 느껴 본 감정이었다. 사실 그녀는 아무렇지 않았지만 마리화나를 권한다든지 누군가 갑자기 들어와 무슨 해코지가 있을까 싶어 속으로 조금 긴장했던 것이다. 물론 거실에 있었지만 남녀 단 둘이 있는데 오히려 내 쪽에서 경계할 줄은 몰랐다. 도난 효과가 크긴 컸나 보다. 마냥 꼼지락거릴 수만 없어 대화의 화제를 찾기 위해 간단히 집을 둘러보았지만 그마저도 3분이면 족한 것이었다.

"오, 왔어요? 반가워요."

잠시 뒤 다행스럽게도 이 맹한 침묵을 메꿔 줄 자스민의 이모가 도착했다. 미리 내 소식을 들었던지 반갑게 맞아준다. 어머니라 해도 믿을 만한 분위기의 이모는 캐나다에 있다 와서 그런지 자스민보다는 영어가 훨씬 나았다. 직장에서 퇴근하자마자 그녀는 바삐 손을 움직이더니 어느새 뚝딱 식사를 내왔다. 속이 좋지 않았지만 손님에게 대접한 저녁을 거절할 수가 없어 꾸역꾸역 다 먹기는 했다.

자스민의 집은 달동네에 위치해 있다. 부유층인 옆 동네에 비해 상대적으로 가난한 생활을 영위하는 것이다. 얼기설기 나무판자로 엮어 놓은 대문짝이며 샤워실조차 갖추어지지 않은 화장실, 그리고 달랑 가스레인지와 냉장고가 공간의 대부분을 차지하는 부엌과 정리되지 않은 두 개의 방으로 지내고 있었다.

'그럼에도 불구하고 나를 초대해줬구나.'

친절을 베푸는 것이 가진 자의 전유물만은 아니리라. 허리를
숙여 낮은 곳에서 눈높이를 맞춰줄 줄 아는 생각의 높이가 높
은 사람. 나는 그런 사람을 마주하고 있었다.

  살짝 당황했지만 곧 사려 깊은 그녀의 마음에 감동했다.

  잠들기 전 샤워를 할 수 없기에 물을 데워 빈 페인트 통에 쏟아부은 후 찬물과 섞어 미지근하게 만들었다. 그리고는 페인트 한 통에 담긴 물로 샤워를 해야 했다. 하지만 무리 없이 샤워를 끝마칠 수 있었다. 컵으로 몸 여기저기에 물을 뿌리고 비누칠하고 다시 컵으로 물을 뿌리고. 결국 페인트 한 통으로 머리도 감고 몸 구석구석 다 닦을 수 있었다. 생각해보면 이렇게까지 해서 물을 아낄 수 있는 게 조금 불편할 뿐이지 불가능한 것은 아니지 싶다.

  "문, 괜찮다면 내일 새벽에 자전거 타고 과야마스 해안 일주 할 건데 같이 가지 않을래요?"

  자전거를 좋아한다는 그녀다운 제안이었다. 새벽 라이딩이라. 고민할 것도 없었다. 내일은 상큼한 새벽 바람을 가르며 과야마스를 둘러보겠구나 생각하고 잠이 들었다.

  새벽 5시 반. 이미 자스민과 이모 마리는 먼저 일어나 새벽 준비에 분주했다. 전날 고생을 해서 천근이 되는 몸을 일으키려니 힘들다. 졸린 눈을 비비고 거실로 나와 보니 자스민의 자전거 동호회 친구인 불혹의 프란시스코도 와 있었다. 좀 더 자자 좀 더 눕자 하는 간절한 열망이 있었으나 사람이 신의를 저버리면 다음 관계가 피곤해진다. 셋 중 꼴찌로 일어났지만 그럼에도 모처럼 6시 이전 기상으로 스스로를 대견해했다. 그리고는 몽롱함을 씻겨내려 찬물로 냅다 얼굴을 들이밀었다. 그렇게 씻고 아침도 거른 채 자전거 복장으로 갈아입고 밖

으로 뛰어나갔다. 6시 반의 이른 시간인데도 이모는 직장에 출근하고 나와 자
스민은 프란시스코의 차로 해안까지 가서 자전거를 타기로 했다.

"뷰티풀 하지 않아?"

자스민과 프란시스코 둘은 연신 욕심 없이 뷰티풀만 연발한다. 과야마스의
대표적인 하이킹 코스인 산 카를로스 해안은 사실 지나치게 평범할 정도로
그리 특별할 건 없었다. 그럼에도 그들이 이토록 감동하는 것은 아름다운 것
을 받아들이는 마음의 차이일까? 아름다움은 보는 사람의 눈 속에 있다는 명
쾌한 진리가 다시 한 번 폐부를 후벼판다.

잠을 푹 자지 못해 몸도 피곤하고 머리가 띵해 멀찍이 앞서간 다음 보조를
맞추려고 양해를 구하고 가장 먼저 출발했다. 하지만 10분이나 뒤에 출발한
프란시스코에게 이내 따라잡혔다. 게다가 자스민 역시 오히려 내 속도에 보
조를 맞춰주며 여유롭게 타고 있었다. 언덕에선 피곤에 얼굴이 상기되고 허
벅지에 극렬한 고통이 따랐지만 자스민과 프란시스코는 소풍 나온 듯 내내
가벼운 몸놀림이다. 헉헉거리며 제일 뒤처진 채 달렸지만 그래도 바닷바람에
씻긴 얼굴은 어느새 활짝 펴져 너른 대양을 가슴으로 안고 있었다.

쌀쌀한 날씨였지만 과야마스 외곽 해안도로를 타고 10km 정도 달렸다. 신
선한 바람을 가뿐하게 받아들이며 달린 시간은 별거 아닌 듯했지만 새벽 주
행은 정말 죽을 맛이었다. 이것은 올빼미형인 나에게 아침형 인간을 주문한
신체 리듬을 거스르는 피학적 발상이었다.

주행을 마치고 그대로 쓰러졌다. 깨어보니 벌써 오후 2시. 자스민은 어느새 병원 실습을 나가고 없었다. 가족들이 열쇠를 맡기고 떠나 집에는 혼자만 덩그러니 남게 되었다. 배가 고프면 근처 쇼핑몰로 가 중국 음식점에서 닭, 돼지고기, 볶음밥 등 포장 도시락을 사 먹었다. 점점 혼자 하는 식사가 익숙하면서도 어려워져 가고 있다. 여행을 하면서 무엇을 먹을까 중요한 게 아닌 누구와 먹을까가 중요해지고 있다. 오늘만큼은 집에서 한껏 거드름을 피우며 백수 버전으로 있어야 할 만큼 새벽 주행의 후유증이 작지 않다. 밥도 먹는 둥 마는 둥 입에 밀어 넣고 다시 노곤한 몸을 던져 침대에 쓰러졌다.

다음 날 자스민과 그의 남자친구가 마을 밖까지 배웅을 나와 주었다. 처음 본 이에게 단지 자전거를 좋아한다는 이유만으로 초대해 준 자스민에 대한 고마움이 콧등을 시큰하게 만든다. 어려워하지 않고 자신의 있는 모습 그대로를 보여주며 나눌 수 있는, 내게는 없는 그 마음결이 곱기만 하다. 이들을 만나며 난 사람과 사람이 하늘 아래 새로운 관계를 맺게 되는 인연의 소중함을 알게 된다. 그리고 삶에 대한 존중함을 깨닫는다. 여행에서 얻는 상처를 여행으로 회복하고, 여행에서 얻은 기쁨을 여행에서 나누는 내 개똥철학 여행관이 멕시코에서 정립되어 가는 걸 느낀다. 자스민의 모습이 묘원해질수록 나는 그녀의 향기가 내 안에 오래도록 남아 있기를, 그래서 나 역시 그 향기를 누군가에게 전할 수 있기를 생각해 본다. 내게는 자전거 여행에 중독될 수밖에 없는 참 멋진 만남이다. 🚲

인심 후한 멕시코 소방서와 경찰서

오브레곤 소방서에서 종일 인터넷질 중이다. 그러다 배가 고프면 소방서 맞은편 도로에 위치한 타코 집에 가곤 한다. 주인은 며칠째 추리닝 차림으로 찾아오는 내가 이제는 반가운지 먼저 인사를 한다.

"안녕, 친구."

"안녕하세요, 타코 3개요."

자리에 앉기도 전에 주문부터 한다. "여기 타코 3개 추가요.", "3개 더 주실래요?" 더 이상 맛있는 음식 앞에서 절약을 논하긴 싫었다. 근데 밑 빠진 독에 물을 붓는 건지 9개가 연속으로 정신없이 들어갔는데도 속이 허하다. 멕시코 음식 앞에선 꼼짝없이 푸드파이터가 될 수밖에 없다.

그런데 멕시칸들의 말이 더 인상적이다.

"멕시코 음식이 남미에서 가장 맛이 없지. 아마 남미로 내려가면 훨씬 더 맛있는 것들이 많이 있을 걸세."

도대체 타코도 모자라 고르디따스, 퀘사디야, 토스따다, 토르따 등등 이 정도가 맛이 없다면 대체 뭐가 맛있단 말인가? 그렇게 의아해하면서도 한편으론 살짝 남미 음식에 대한 기대가 생긴다.

벌써 사흘째. 소방서 도미토리에 난 꿈쩍 않고 그렇게 사흘 동안 뒹굴고 있

는 것이다. 콧물감기 때문이다. 젊은 녀석이 약에 의존해선 안 된다는 어줍잖은 자존심에 그저 버티고 있었는데 내내 콧물에 재채기가 지속되는 것이다. 그러니 머리가 지끈거리고 집중력도 떨어지고 만사가 귀찮아진다.

하지만 마음만은 편했다. 소방서의 모든 대원들이 돌아가며 배려를 해 준 것이다. 그들은 편하게 인터넷을 사용하게 하고 식사 시간에는 불러서 음식을 대접하는 등 여기 머무는 시간 동안 최대한 몸을 쉴 수 있도록 배려를 아끼지 않았다. 덕분에 나흘째 되는 날 몸을 추슬러 겨우 자전거 위에 몸을 실을 수 있게 되었다.

"멋진 친구! 앞으론 좋은 일만 생기길 바래. 아미고! 기억할게."

정작 기억해야 할 대상은 바로 당신들인 것을. 마지막까지 몸 걱정을 해 주던 오브레곤 소방서 대원들과 인사를 하고는 다시 무거운 바퀴를 회전시키기 시작했다. 그날은 밤늦게 나바호아에 도착했다. 이렇게 이름이 알려지지 않은 도시의 정보를 파악하기란 사실상 불가능하다. 그저 부딪혀서 스스로 깨우쳐야 한다. 변두리 쪽으로 들어왔기에 황량해 보이는 도시에서 숙소 찾기가 그리 쉽지 않았다. 그러다 경찰서를 발견했다. '됐구나!' 속으로 쾌재를 부르며 한달음에 달려갔다. 강도 사건 후 경찰에 대한 의존도는 상당히 높아졌다. 멕시코 경찰(물론 소방서는 더 완벽한 무결점)은 힘들고 어려울 때마다 기대면서 이미 최고의 친구가 되어 있었다.

숙소에 대한 난제를 해결하려 경찰서에 들어갔는데 가자마자 피자를 대접해 준다. 한 번쯤 교양 있게 거절도 해야 하는 것을 마음과는 다르게 일단 고맙다는 말부터 나온다. 사건사고가 끊이지 않는 소란스런 경찰서에서 시원한 콜라에 곁들여 피자를 먹고는 특별한 배려로 직원 사무실을 들락거려가며 한쪽 푹신한 소파에 기대어 편안히 쉴 수 있었다.

"조금만 기다려요. 가까운 근처 숙소를 알아봐 줄게요."

앙헬이라는 경찰관이 친절하게 설명해 주었다. TV를 보며 경찰들과 잡담을 하고 또 콜라 한 잔 마시고 음악을 듣고…. 그리고 얼마나 시간이 흘렀을까. 흡족한 미소로 발걸음을 내게 돌리던 앙헬은 갑자기 뜻밖의 제안을 해 왔다.

"당신 잘하면 오늘 호텔에서 묵을 수도 있을 것 같군요."

설마 호텔 숙소를 알아봐 준 건가 생각했는데 다음 말이 폭풍감동으로 다가왔다.

"저기 저 사람(그의 상관)이 당신이 여기까지 자전거를 타고 온 걸 보고 대단하다며 아는 호텔에서 하룻밤 묵어갈 수 있도록 하겠다는군요."

전혀 예상치 못한 파격적인 특혜였다. 그저 숙소만 알아봐 줘도 괜찮은 건데. 그리고 그 상관이 직접 나를 픽업해 주기 위해 업무를 마치는 동안 앙헬과 이런저런 얘기를 더 나눴다.

"오, 이런! 그래서 에르모시요에서 카메라와 캠코더를 몽땅 잃어버린 거예요?"

그는 내 얘기에 더 안타까워하면서 어찌할 바를 몰라했다.

“괜찮아요. 덕분에 그걸 계기로 좋은 사람들을 많이 만났거든요. 잃어버린 건 아쉽긴 하지만 이미 지난 일인데요 뭘.”

“그래도…… 도대체 잃어버린 게 얼만데요?”

“음, 한 2,500달러 정도?”

“적지 않은 액순데. 그래서 경찰엔 신고했어요?”

“하긴 했는데 뭐 그냥 형식적으로만 대답하고 별 노력도 안 한 것 같아요.”

“흠.”

그런 사건에 도움을 주지 못한 부분에서 앙헬 본인도 경찰인지라 난감해하는 것 같았다.

“하지만 제가 만난 경찰들은 정말 친절했어요. 그들 아니었음 여기까지 오기도 힘들었을 거예요. 다들 ‘친구, 친구!’ 이러면서 정말 오래 알던 친구처럼 잘해줬거든요.”

“다행이군요. 멕시칸 경찰들 알고 보면 정말 좋아요. 에르모시요에서의 일은 안타깝지만 잊어버리세요. 더 좋은 일이 앞으로 많이 생길테니.”

이윽고 상관이라는 풍채 좋은 남자가 다가와 악수를 청했다.

“여기에 온 걸 정말 환영하오.”

카를로스라고 자신을 소개한 그는 이웃집 아저씨 같은 털털한 넉살로 나의 마음을 단번에 편안하게 만들었다.

“미안해요, 일이 이제 끝나서. 많이 기다렸죠?”

"아니에요. 다들 잘 해줘서 별로 지루하지 않았어요."

"어서 자전거랑 짐들을 다 트럭에 실으세요. 당신은 오늘밤 특별히 호텔에서 묵게 될 겁니다."

"아, 정말 고맙습니다. 근데 공짜로 도움 받으려고 온 게 아닌데. 왜 호텔씩이나……?"

"당신은 경찰서를 찾은 손님이잖아요? 안 그래요? 당신이 불법을 저지르지 않은 이상 경찰서로 찾아온 손님을 대접하는 것이 바로 우리의 임무죠. 에르모시요 얘기는 들었습니다. 하지만 대부분의 멕시코 경찰들은 친절하답니다. 당신이 여기 온 건 정말 잘한 일이에요."

카를로스의 말에 가슴이 뭉클해졌다. 나를 귀찮은 일처리를 해 줘야 하는 이방인으로 대하지 않고 친구로 마음을 열어 준 것이다. 자전거와 짐들을 경찰 트럭에 싣고 나가려는데 경찰서 안에서 내내 나를 보살펴 준 앙헬이 생각나 인사차 다시 사무실로 들어갔다.

"앙헬, 고마워요. 덕분에 정말 좋은 만남이 됐고 오늘밤 편히 쉴 수 있게 되었어요. 정말 고마워요."

"문?(멕시코에선 사람들이 쉽게 기억할 수 있도록 이름 대신 성인 '문'으로 소개하는 경우가 많았다. 더욱이 문은 발음상 '달=루나'라는 뜻이므로 사람들이 훨씬 쉽게 기억하고 부르기도 편안해 한다) 아니에요. 언제든지 어려운 일 있으면 경찰을 찾아가도록 해요. 그들이 당신을 힘껏 도와줄테니까. 그리고 이

건……."

"이게 뭐예요?"

"음, 큰 상심이 있었을 텐데도 그렇게 달리는 걸 보니 용기가 대단한 것 같아요. 얼마 되지 않은 액수지만 혹시라도 에르모시요의 일 때문에 경찰에 대한 섭섭함이 있다면 잊어주길 바랍니다. 다들 열심히 일하는데 가끔 도움이 되지 못할 때가 있거든요. 그리고 가는 길 조심하구요."

미리 준비한 듯 하얀 봉투를 건네주는 앙헬의 손을 바라보다 그만 울음을 터트릴 듯 감정이 세차게 올라왔다. 자꾸만 시나리오에 벗어나는 일들이 나를 당혹시켰다. 그저 고마움에 인사만 하려고 들렀는데 그는 마지막까지 나의 안전을 유의하고 걱정한 것이다. 무슨 말을 할까 머릿속에서만 맴맴거리는 중에 앙헬의 눈도 오랫동안 제대로 맞추지 못하고 "God bless you."만 짤막하게 내뱉고는 자리를 떴다. "You, too."로 마지막 인사를 대신하며 가볍게 손을 드는 앙헬을 보며 우린 정말 서로가 신의 축복이 가득해야 한다며 스스로 절대당위성을 마음속으로 기도해야 했다.

그날 밤 카를로스는 자신의 지갑을 털어 나바호아에서 가장 시설이 좋은 호텔에서 머무르게 했으며, 다음 날 아침에도 '굿모닝' 문을 두드리며 깜짝 방문해 와 호텔 식당에서 아침을 대접해 주었다.

'도대체 내가 뭔데 이런 대접을 받아야 하나.'

마음에 부담이 밀려왔다. 그러면서 어쩐지 알 수 없는, 내가 이것의 몇 갑절에 대한 값을 치러야 한다는 전에 없는 사명감 또한 부담을 덮어버리고도 남을 만큼 훨씬 더 많이 밀려들어 왔다.

"여기서 남미 끝까지 갔다가 다시 아프리카로 간다니 참…… 쉽진 않겠지만 성공하길 바래요. 당신을 지켜보고 있는 눈이 많을테니. 그리고 언제나 하늘이 당신을 도와줄테니 너무 걱정은 마세요."

"고마워요, 카를로스."

여운 짙은 그와 마지막 인사를 나누고 호텔에서 나와 태양이 주는 따스한 온기에 온몸을 맡긴 채 달려보니 확실하진 않지만 어쩐지 하늘을 향해 날아가고 있다는 느낌에 한껏 기분이 업 되었다. 그리고 향수에서도 꽃에서도 맡을 수 없던 향기가 느껴졌다. 마음으로 맡을 수 있는 사람의 향기. 단언하건대 신은 서로 사랑하라고 친구를 주셨고, 서로 친구가 되라고 사랑하는 마음을 주셨다. 나는 미치도록 명확하게 그것을 절절히 느끼고 있었다. 누구 노래따라 세상에 뿌려진 사랑을. 사랑의 온기로 가득한 친구들.

얌체 상인에 대처하는 여행자의 자세

차림표 없는 식당에 숨겨진 비밀

오브레곤Obregon을 출발해 나바호아Navojoa로 가는 길. 쿠퍼 캐니언을 다녀온 후 여행의 완성도는 식도락에서 가늠된다는 게 여행 철학으로 바뀌고 있었다. 가는 중에 늦은 아침식사를 위해 차량을 개조해 만든 야외 타코 집에 들렀다. 구수한 고기 냄새에 지친 몸도 언제 그랬냐는 듯 불끈 활력을 되찾는다. 멕시코에 들어와 한 가지 버릇이 생겼는데 그것은 가격을 흥정하거나 계산할 때 반드시 손가락으로 확인한 다음 거래를 하는 것이다. 처음에 언어가 통하지 않고 발음의 어려움 때문에 시작한 것이 이젠 아예 몸에 배었다.

"타코 얼마예요?"

"8페소."

다시금 왼쪽 손가락을 다 펴고 오른쪽 손가락 세 개를 펴 8페소가 맞냐며 거듭 확인했다.

"맞아요."

주인은 마치 자신을 의심하기라도 하냐는 듯 눈을 부릅뜬다. 기가 눌린 난 알았다고 고개를 끄덕이고는 자리를 잡고 앉아 타코 4개를 시켰다.

타코 가게는 부부와 아들, 이렇게 셋이서 운영하고 있었다. 가족이라서 그런지 함께 일하는 모습에서 훈훈한 정이 느껴진다. 이윽고 주문했던 타코가

냄새에 한 번, 맛에 두 번, 친절에 세 번 감읍하게 되는 멕시코 전통 서민 음식 타코

나오자 시장했던 나는 맛을 음미하는 과정을 생략할 만큼 재빨리 음식들을 뱃속으로 밀어 넣었다.

야외에서 먹는 타코는 어느 포장마차로 가는가에 따라 성패가 갈리는데 특히 고기와 토르띠야를 볼 줄 아는 안목이 있어야 한다. 고기에 비계가 많이 섞여 질기거나 토르띠야가 찰지지 못하고 퍽퍽한 경우 그 맛이 절대적으로 떨어지기 마련이다. 또한 소스의 종류가 다양한지 서브로 나오는 다른 부대양념은 없는지도 맛을 결정하는 주요 요소가 된다.

내가 간 곳은 아쉽게도 양질의 서비스라곤 기대할 수 없는 노점이었다. 작은 토르띠야 크기, 소스라곤 살사 소스 달랑 하나, 그리고 부대양념은 오로지 양파뿐. 아쉬운 세팅이었지만 시장이 반찬이었기에 맛있게 먹고 계산하기 위해 주인을 불렀다.

마침 큰 돈밖에 없었기에 잔돈이 필요했다. 의심 없이 가방에서 꺼낸 200페소짜리 지폐를 내밀었다. 그런데 초라한 행색의 나그네로부터 예상치 못한 큰돈을 받아서였을까? 주인과 아들은 잔돈은 찾다 말고 차 뒤로 가더니 뭐라고 웅성대는 것이다. 그냥 넘어갈 만한 부분에서의 지체라면 뭔가 예감이 좋지 않다. 어떤 불분명한 사건이 개입된다는 얘기이기 때문에 일단 바로 거스름돈을 주지 않는다. 잔돈이 없었는지 옆에 상인과 화폐를 교환한 다음 꾸역꾸역 주머니를 뒤져 있는 잔돈을 끌어 모아 탁자 위에 세어가며 거슬러 준다.

'잔돈은 항상 그 자리에서 확인하라!'

당연한 얘기다. 언제 어디에서 허술한 여행자의 빈틈을 노릴지는 아무도 모른다. 계산대로라면 32페소어치 먹었으니 168페소를 거슬러 줘야 했다. 하지만 내 손에 쥐어진 돈은 152페소. 원래 가격과 16페소나 차이가 났다.

"이게 뭐죠? 잘못 거슬러 준 것 같은데요?"

하지만 주인은 아무 이상 없다는 듯 잔돈을 보더니 되레 내게 큰소리다.

"정확한데 뭘? 하나에 12페소니 4개면 48페소. 여기 보라구!"

주인은 친절한 악의로 다시 잔돈을 하나하나 바닥에 내려놓으면서 확인시켜 준다.

"152페소 맞잖아. 무슨 문제야?"

그리고는 바닥의 돈을 검지로 힘 있게 가리키며 내게 상황을 주지시켰다. 타코 하나에 12페소란다. 갑자기 말을 바꾼다. 순간 올 것이 왔다라는 느낌이 들었다. 남의 여행기에서만 보다 막상 직접 당하고 보니 황당했다. 8페소라고 해 놓고서 이제 와서 왜 말을 바꾸냐고 침을 튀기며 흥분해도 별반 대꾸 않는

다. 한 번 고개를 젓더니 무조건 12페소라고 우기며 버티는 게 쇠심줄이다. 혹시라도 불필요한 오해나 억측을 피하기 위해 손가락까지 사용했는데도 말이다. 내가 손가락 8개를 펴 보이며 물어볼 땐 당연하다는 듯이 '씨yes'하더니 이제 와서 아니라고 딱 잡아떼는 변고라.

아예 설명이나 논쟁조차 하지 않을 분위기다. 주위에 사람들이 있었지만 그들도 장사꾼인지라 강 건너 불구경이었고 게다가 낯선 나를 옹호해 줄 분위기는 더더욱 아니었다. 바로 전날 밤 타코 전문점을 갔을 때도 좋은 재료와 양념을 쓴 타코를 10페소에 먹었는데. 양념도 달랑 살사소스 하나에 양파만 얹어 놓고선 무려 12페소를 받다니. 어떻게 할까 잠시 고민하다 수업료라 생각하고 눈물을 머금고 돌아서기로 했다. 부아가 치밀어 올랐지만 논쟁은 또 다른 불행의 불씨가 될 수 있다는 생각에 마음을 접었다. 대신 나는 확실히 잘못됐다는 표시로 고개를 절레절레 흔들며 자리를 떴다.

주의하라. 요금표가 제대로 갖추어지지 않은 식당이나 숙박시설에서는 서비스 전과 후의 가격이 달라질 때가 있다. 스페인어가 서툰 사람에게 교묘하게 말 바꾸기를 시도해 골탕 먹이는 것이다. 특히 서비스 후 가격을 지불하는 곳이 더욱 극성이다. 애초에 지는 게임이다.

한 번쯤은 웃으면서 타코를 만든 노고의 손길을 위로하며 슬쩍 눈 감을 수도 있었다. 오직 자신을 위한 계산에만 몰두한 채 서로가 불완전한 인격체이기에 나올 수밖에 없는 사람과 사람 사이의 불협화음을 경멸하고 있었다. 판

 단 전에 이해가 있고, 공의(公義) 위에 사랑이 있어야 하거늘, 아직 진짜 여행자가 되긴 멀었다. 이미 타코를 삼켰는데 뒤늦게 떫은 맛이 난다. 🚲

● ● ●

열연 펼치는 상인들의 노골적인 실수

멕시코에서 가장 많이 당한 수법.

"어? 거스름돈이 모자라는 데요?"

"그래요? 아차, 실수했군요. 손님, 여기 잔돈 있습니다. 안녕히 가세요."

일부 얍삽한 상인들이 큰 동전을 손바닥에 은밀하게 쥐고는 작은 동전만 손에 떨어뜨린다. 그리고 지적당하면 놀라워하며 마치 실수했다는 듯 나머지 잔돈도 거슬러 준다. 그런데 나머지 돈이 계산대가 아닌 손바닥에서 슬며시 나온다. 포복절도 하고 싶어도 오히려 상대방이 무안해할까 애써 웃음을 참느라 곤혹스럽다. 그들은 이제 계산이 확실히 끝났으니 문제될 게 없다는 표정이다. 어깨 한 번 으쓱하곤 괜히 걸레질을 하거나 다른 사람을 부른다. 나와는 절대 눈을 마주치지 않는다.

하지만 손님을 향한 친절은 항상 최고다. 생긋한 미소 때문에 화도 못 내는 상황 99.9%. 🚲

'노점에 명품없다'에 내 손을 건다

관광지나 유적지 등에 가면 "헤이 아미고, 기브 미 원 달러 플리즈!"라며 그들의 화려한 언변을 빌리자면 '여기에서만 파는 대단한 명품을 단돈 1달러에 파는 행운을 거머쥐라' 는 내용으로 살갑게 다가오는 상인들이 있다. 어디에서나 흔히 볼 수 있는 상품을 1달러라고 고래고래 소리쳐 놓고 막상 구입하려고 하면 미세한 안면근육의 변호가 더불어 속이기 위해 시선과 말투가 뻣뻣해진 긴장이 감지된다.

보통은 불안한 눈동자로, 연륜이 오래된 상인은 물 흐르듯이 말을 확 바꾸어 5달러를 외친다. 대개 조악한 목걸이나 기념 조각품이 대다수다. 어떤 이는 신의 기운이 흐른다는 부적을 팔기도 한다. 너무 흔한 속임수에 끝까지 가봐야 그들의 진정성을 파악할 때가 적지 않다. 그럴 때마다 나는 그들에게 단호하게 말해주고 싶다.

" '노점에 명품없다' 에 내 손모가지 건다. 쫄리면 반품 받아 주시던가."

기왕이면 양심적인 영세 상인의 물품을 사주고 싶다. 🚲

하늘이 무너져도 솟아날 구멍은 있다

191

● ● ●

길 위의 콧수염 천사들

멕시코 도로 중에는 아마도 15번 도로만큼이나 쉬운 루트가 없을 것이다. 그저 태평양 연안으로 수백 킬로미터를 쭉 내려가기만 하면 된다. 멕시코 서부 해안의 등뼈와 같은 역할을 담당하는 15번 루트는 마사뜰란을 거쳐 제2의 도시 과달라하라까지 이어진다. 서부 해안의 주요 도시인 마사뜰란을 향해 출발하기 전 이젠 서서히 물리기 시작하는 타코 3개로 배를 채웠다.

쿨리아칸Culiacan을 벗어나는 길. 점심은 식빵에 딸기잼을 발라 물과 함께 먹는다. 식사가 많이 부실해진 지 오래다. 이젠 식빵에 잼 발라 콜라랑 먹는 것도 사치다. 언제부턴가 식빵에 잼을 바를 경우엔 그냥 물로, 아무것도 바르지 않고 식빵 그 자체만을 먹을 땐 콜라로 먹게 되었다. 한 푼이라도 아껴보자는 심산이다. 점심을 달랑 식빵 6조각으로 때우니 속이 말이 아니다. 설사가 일상다반사다.

그렇게 다니니 힘차게 페달 몇 번만 굴리면 배가 금방 꺼진다. 뭔가 뭉근하게 오래 남을 고기류를 섭취해야 한다. 간단한 점심식사 후 계속해서 지루한 길을 밀치고 나간다. 머루 빛 하늘을 저 멀리 두고 해가 뉘엿뉘엿 넘어가는 때 하필 도로 한가운데서 꼬르륵 삼중창을 내니 배가 고파 도저히 견딜 수가 없다. 주위엔 가게도 없을 뿐더러 이제 나에게 남아 있는 돈은 환율계산으로 단돈 9000원. 이걸로 최소 10일은 버텨야 했다. 아, 눈물겹도록 가난한 청춘이여!

사람을 만나고 새로운 것을 보기 위해 나온 길이지만 그 길 위에 아무것도 존재하지 않을 때 인간은 필연적으로 본능과 대면하게 된다. '배고픔과 맞서는 건 저급한 도전이야' 폄훼하면서도 받아들여야 하는 상황은 끔찍하다. 인간의 본능에의 도전은 애초에 타협이 최선의 협상이다.

때마침 유일하게 보이는 농장이 있어 무턱대고 들어갔다. 농장에는 일꾼으로 보이는 사람들 몇 명이 석양을 배경으로 담소를 나누고 있었다. 정직한 땅의 열매로 먹고 사는 전형적인 시골 농촌 풍경이다. 그중 다행히 영어를 할 줄 아는 남자가 있어 사정을 설명했다. 무리는 대화를 멈추고 내 얘기를 경청해 주었고, 한 남자가 내게 손을 내밀었다.

"아미고, 우리 농장을 찾아온 것을 환영하네. 난 페르난도Fernando라고 하네."

그러더니 단박에 차에 올라타란다. 그는 나를 흘낏 보더니 좋아하는 음식이 있냐며 물어온다.

"치킨 좋아해?"

'당신은 독심술을 가졌군요.' 때론 표정으로만 알아챌 수 있는 침묵의 언어가 탁월한 효과를 가져다 준다.

그는 내 표정을 읽었는지 농장에서 십여 분 정도 떨어진 마을로 데려가 노점 치킨을 주문했다. 숯불 위에서 지글지글 익는 치킨을 바라보자니 절로 군

침이 돈다. 가게 주인은 먼저 토르띠야부터 내주었다. 토르띠야를 먹기 전에는 보통 손을 씻는다. 멕시코 서민 음식에는 보통 칼이나 포크 따위를 쓰지 않기 때문이다.

"손 씻을 곳이 어딘가요?"

주인은 가게밖에 놓인 플라스틱 통을 가리켰다. 별 생각 없이 다가가 손을 씻으려 보니 탁한 물 위로 기름이 둥둥 떠 있는 게 보인다.

'이 물에 어떻게 손을 씻는담?'

잠시 망설였다. 손을 씻고 나서 개운치 못한 느낌이 나진 않을까. 그래도 먼지 자욱한 손보다 못할까 싶어 통을 세워 흐르는 물로 손을 씻었다. 끈적끈적한 미끄러움이 손에 남았지만 더 이상의 청결을 바라기엔 무리인 환경이다. 잠시 뒤 하나, 둘, 셋, 넷, ……스물두 마리의 파리들이 음식 주변을 정신없이 오간다. 소리도 신경 쓰이고, 살갗에 달라붙는 느낌도 싫다. 정말 비위생적이다. 그렇다고 대접받는 상황에서 그깟 파리들 때문에 아쉬운 소리 할 수도 없었다. 그저 손을 휘저어 쫓아내기에 바빴다. 잠시 후 드디어 주문한 맛깔스런 구릿빛 치킨이 나왔다.

역시 눈을 지그시 감고 음미하는 멕시칸 치킨은 폭풍감동이다. 보통 한 끼

에 반 마리가 나오는데 이것을 토르띠야에 각종 야채를 더해 싸 먹으면 그 맛
이 정일품이다. 눈앞에 고기를 두고 너무 황홀해하며 본격적으로 먹으려는데
이번에는 바로 뒤편 흙길로 차가 지나간다. 기름에 한 번 칠해진 치킨은 먼지
에 다시 한 번 덧칠해졌다. 두 손 두 발 다 들었다.

'아니 그래서 싫어? 기름 둥둥 떠다니는 물로 씻은 손으로 토르띠야 집어
서 파리가 잠시 앉았다간 야채를 얹어 먼지 뒤집어 쓴 치킨을 입에 넣기 싫다
이거냐 말이지?'

마음속 또 다른 내가 나를 시험한다.

'아니, 그럴 리가. 너무 좋아서 어쩔 줄 모르겠단 거지.'

배고팠다. 너무 맛있었다. 미각 세포들이 덩실덩실 어깨춤을 들썩였다. 뼈
에 붙어 있는 기름기까지 쪽쪽 빨아먹고 손가락에 기름기까지 한 번 더 핥아
내고 페르난도에게 격한 감정의 표현으로 엄지손가락을 치켜들었다. 그도 당
연히 내 심정을 안다는 듯 엄지손가락을 치켜들며 반응해 준다.

"친구여, 1인분 더?"

"아니, 그걸 지금 말이라고 합니까?"

허겁지겁 두 그릇째 치킨을 비워내고 있는데 아까부터 다른 테이블에서 누
군가가 나를 주시한다. 남자의 시선이 민망해 체할 정도다. 남자는 내가 두 그
릇을 모두 비울 때까지 있다가 마지막 살을 발라먹고 의자에 기대 퍼져 있을
때 잠자코 내게 다가왔다. 그의 갑작스런 인사에 어리둥절해하는 나와는 달

리 페르난도는 가볍게 인사를 건넨다. 먼저 인사를 건네기에 예의상 나 역시 응대해 주었다. 통성명을 하고 난 뒤 그가 주머니를 뒤적거린다.

"자, 여행길에 쓰세요."

"이게 뭔가요?"

"하하, 친구여, 좋은 여행되길."

그는 낯설어 하는 내게 50페소를 건네주며 별말 없이 다시 자신의 자리로 돌아갔다. 그리곤 솜브레로 아래 도드라지는 콧수염의 매력적인 미소를 던지며 마저 차를 마시기 시작했다. 나는 별안간 그의 이름이 궁금해졌다.

"이름이 뭡니까?"

"앙헬Angel입니다."

이 남자, 자신의 이름처럼 천사의 사랑을 베푼 것이다. 페르난도가 그 장면을 보더니 어깨를 들썩이며 고개를 끄덕인다. 좋은 사람을 만났다는 뜻이다. 마음이 동해서였을까. 페르난도 역시 한 번 책임진 사람 끝까지 간다라는 취지인지 치킨 2인분을 사 준 것도 모자라 40페소를 더 얹어주었다. 기분이 좋은 걸 떠나 순간 당황스러웠다. 왜 이렇게 친절하게 대해 주는 걸까. 시골이라서? 멕시코인이라서? 아니면 둘 다라서? 그런데 더욱 놀랄 만한 장면은 바로 연출되었다. 이 모습을 쭉 지켜보던 식당 주인이 우리를 향해 크게 소리 지른 것이다.

"이봐, 그거 다 공짜야!"

그의 외침은 훈훈한 분위기에 화룡점정을 찍어버렸다. 아, 세찬 감동의 물결이다. 페르난도가 내 어깨를 툭툭 친다.

"행운의 친구로군. 잘 먹고 조심히 다니라구."

길 위에서 급조된 천사, 거친 여행길에서 잔잔한 감사를 안겨 준 세 친구와 헤어지고 다시 길 위로 나왔다. 비록 한 끼 식사 때문에 만난 짧은 인연이었지만 그들의 나그네를 향한 진심은 오래도록 기억될 것이다. 가슴이 그만 먹먹해져 왔다.

친절이란, 장님에게 보이고, 귀머거리에게도 들리는 거라고 했던가. 그들의 작은 행동이 페달을 밟고 있는 지금 내게 인생의 소소한 아름다운 배려가 무엇인지 가르쳐 주고 있었다. 필요한 사람에게 작은 것을 나누어 주는 것, 그곳에서 사랑이 시작되는 것을 나는 자전거 여행을 통해 조금씩 깨달아 가고 있었다. 석양을 오른편에 두고 바람을 가르며 달리는 길이 그 어느 때보다 시원했다. 🚲

화장지라도 하나 더 챙겨 주고픈 마음

대지의 신열이 식어가고 뒷바퀴가 땅거미를 데리고 돌아올 무렵 하룻밤 이슬을 피할 숙소를 찾기 시작했다. 외딴 도로로부터 멀리 불빛이 보이는 마을로 들어가기로 했다. 지도에도 표시되지 않은 오비스포Obispo라는 작은 마을

이다. 선택의 여지가 없어 들어가자마자 경찰서로 직행했다. 별 수 없다. 다음 대도시에 갈 때까진 무조건 노숙모드로 버텨야 했다. 멕시코 경찰을 조심하라는 얘기가 많았지만 그들은 최소한 먼저 마음을 열고 다가가는 사람에게까지 무지막지하게 대하지 않는다는 확신이 있었다. 그리고 그 신념에 따라 행동해 오고 있었다. 지금까지는 대성공이다. 화통한 멕시코 경찰은 민중의 지팡이이자 여행자의 친구이기도 했다. 꼭 우리네 시골 지서(支署) 같은 분위기다. 어렵지 않게 허락을 받고 일단 짐 정리가 끝난 후 샤워부터 하기로 했다.

"저 샤워 좀 하려는데 비누 있나요?"

"비누? 잠깐만."

후덕한 인상의 시골 경찰은 잠시 창고로 들어가더니 비누를 꺼내왔다. 노란 세탁비누다.

"이건 세탁비누잖아요?"

비누를 옷에 문지르는 시늉을 하며 말하자 그가 영문을 모르겠다는 듯 사람 좋은 얼굴로 대꾸한다.

"괜찮아. 옷도 빨고 얼굴도 닦을 수 있어."

내가 조금 난처한 표정을 짓자 이번엔 같이 샤워실로 들어갔다. 여기저기 살펴보니 마침 바닥에 떨어진 비누가 하나 있다. 땅바닥에 눌러 붙은 게 최소

이틀은 그 자리에 있었던 듯 보인다. '유레카Eureka!'라고 외친 아르키메데스
가 이만큼 환호했을까? 누가 보면 소액 복권이라도 당첨된 것 마냥 미세하게
떨리는 손가락으로 비누를 가리키며 격하게 확신한다.

"그래, 찾았다! 저거면 됐지?"

졌다.

시원하게 샤워와 빨래를 마치고는 하룻밤 보금자리에 털썩 누웠다. 비록
바닥에 깐 매트리스 하나였지만 그가 잠자리에다가 말없이 저녁 식사까지 챙
겨 주어 더없이 행복한 밤을 보낸다. 조용히 침묵을 경청한다. 자전거를 타고
내질러온 바람 속에 삿된 마음을 얼마나 버렸는지 떠올리며 스스로를 다그쳐
본다. 요족함 없는 동가식서가숙(東家食西家宿) 인생이지만 마음이 넉넉한 까
닭은 세상의 배려가 부르는 소리를 듣는 법을 깨달았기 때문이리라. 삼촌 같
은 그의 따뜻함을 보며 오래지 않아 내가 그들을 섬길 수 있는 때가 분명 있을
거라고 부끄럽지 않게 약속해 본다.

아침에 떠날 때 그가 새 화장지 하나 챙겨 주었다. 사람들이 이렇다. 뭐라도
하나 더 챙겨 주고 싶은 마음인 것이다. 그래서 여행을 하다 보면 어느샌가 짐
가방에 뭔가 잔뜩 들어 있다.

미련 없이 버리려고 해도 물건 하나하나에
추억과 인심이 배어 있어서 함부로 대하지도
못하니 가끔 지나친 무게로 힘이 들 때도 있다.
그래서 돌고 도는 인생, 물건도 돌고 돌아야
한다는 철학으로 나보다도 누군가에게
더 필요하다면 기꺼이 그것을 주기 시작했다.
나는 단지 전달자일 뿐, 그 물건에 담긴
사랑과 정성을 다른 누군가에게 다시 전해 주는
꿈의 메신저가 되고 싶다는 작은 소망이 있었다.
머리로 계산하면 나오지 않을 일들이 가슴으로
그리니 몽환적인 현실이 된다.
이른 아침, 세상을 노랗게 만드는 햇살 내린
들판을 기분 좋게 달리기 시작했다.

그저 함께 있는 것만으로도…

전날 샤워를 마친 후였다. 경찰서 바깥에 여자아이들의 재잘거리는 소리가 들려왔다. 무슨 연고인가 밖으로 나가 보니 아이들이 날 보자마자 뭐가 그리 좋은지 폭소를 터트린다. 동네 아이들이 다 모인 듯했다. 이런 외딴 곳에 동양인이 오니 마냥 신기한가 보다. 마침 시골이라 심심하던 차에 잘 됐다.

"사진 찍을래?"

"좋아요."

다들 빼는 눈치 없이 꺄르르 웃으며 모여든다. 그렇게 활달하다가도 렌즈만 들이대면 부동자세로 어색하게 포즈를 취한다. 사진을 찍고 나서 녀석들의 이미지를 보여주었다. 그랬더니 그걸 보고서 또 다들 좋아라 한다. 그중 한 녀석에게 네가 가장 예쁘게 나왔다며 넌지시 떠본다. 녀석은 당연하다는 듯 고개를 끄덕인다. 귀엽다. 이 작은 마을에도 공주병이 있었다. 이런 작은 나눔도 행복한 시간들이다. 여자아이들 뒤에 남자아이들도 생경스러운 듯 이 장면을 지켜보고 있었다.

"남자애들하고는 안 찍어요?"

내가 장난으로 정색하자 여자아이들이 또 깔깔거린다. 슬쩍 훔쳐보니 남자아이들도 무척이나 찍고 싶어 하는 표정이다. 하지만 같이 사진 찍자고 하니 오히려 부끄러워하며 도망가 버린다. 사내자식들이 순진하긴.

저녁 늦게까지 경찰서 앞 아이들의 웃음소리는 떠날 줄 몰랐고, 모처럼 혼자가 아닌 여럿이 함께 보내는 밤의 정취가 참 푸근했다. 이야기 나누다 피곤한 내가 양해를 구하고 먼저 들어가자 아이들은 와 하고 모여들었다가 다시 와 하고 순식간에 제집으로 흩어졌다. 경찰서 앞은 다시 불빛만 남은 채 적막이 감돌았다. 외로울 때에는 그저 함께 있어 주는 것만으로도 감사하다. 다시 매트리스에 누우니 시인 이상의 표현처럼 벌레들이 무도회의 창문을 열어 놓은 것처럼 왁작 요란스러워졌다. 🚲

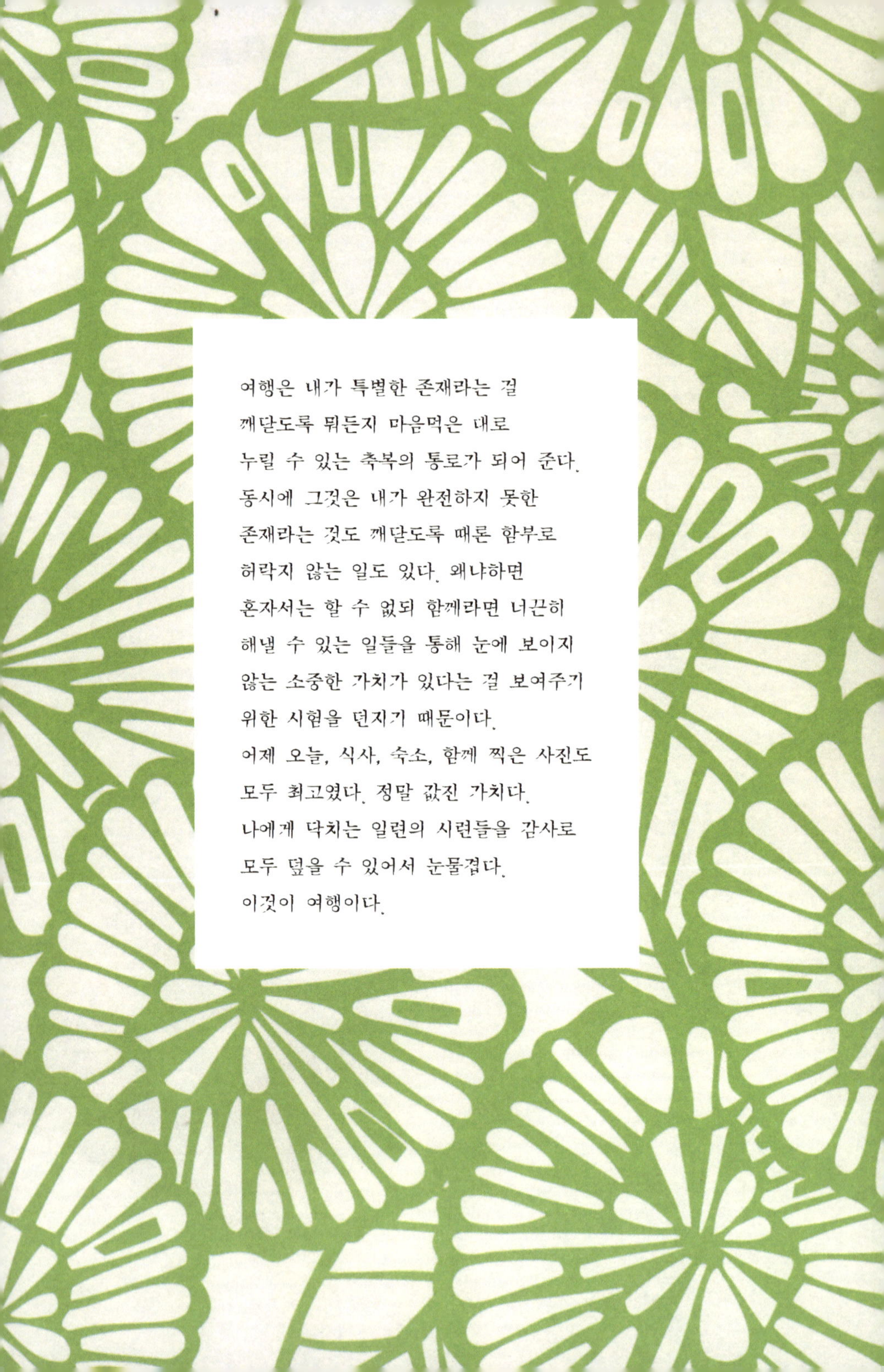

여행은 내가 특별한 존재라는 걸
깨닫도록 뭐든지 마음먹은 대로
누릴 수 있는 축복의 통로가 되어 준다.
동시에 그것은 내가 완전하지 못한
존재라는 것도 깨닫도록 때론 함부로
허락지 않는 일도 있다. 왜냐하면
혼자서는 할 수 없되 함께라면 너끈히
해낼 수 있는 일들을 통해 눈에 보이지
않는 소중한 가치가 있다는 걸 보여주기
위한 시험을 던지기 때문이다.
어제 오늘, 식사, 숙소, 함께 찍은 사진도
모두 최고였다. 정말 값진 가치다.
나에게 닥치는 일련의 시련들을 감사로
모두 덮을 수 있어서 눈물겹다.
이것이 여행이다.

탐닉하고 싶다, 내게서 멀어진 것을

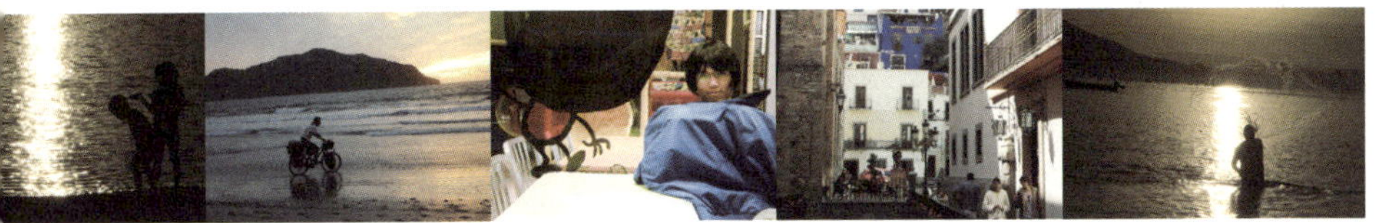

● ● ●

부러우면 지는 거다

끼룩끼룩 목청껏 울어 젖히는 갈매기들의 뒤넘스런 날갯짓에 짭조름한 바다 냄새가 실려온다. 실로 오랜만에 마주하는 백사장을 두고 마음이 싱숭생숭 해 온다. 아이처럼 뛰어가 온몸으로 파도를 부셔버리고 싶어도 애마 로페카Ropeca와 함께하는 이상 만사 제쳐두고 함부로 뛰어 들어갈 수도 없다. 그저 너누룩하게 가라앉은 바람을 마주하며 하얀 거품을 토해내는 포말을 감상한다. 서서히 대양에 잠몰하는 붉은 태양의 기운에 감긴다. 트렌치코트의 깃이라도 세우고 쓸쓸히 걷는다면 완벽한 그림이 될 뻔했다. 그렇게 감상에 젖으며 시큰한 망상을 떠는 게 내가 할 수 있는 전부다.

"그래도 이게 뭐야? 잔뜩 기대하고 왔는데."

피곤하게 내뱉은 혼잣말에 이곳의 정취가 대변된다. 멕시코에서 내로라하는 국제관광휴양지인 마사뜰란Mazatlan, 칸쿤, 아카풀코와 함께 멕시코 3대 해변도시로 태평양을 바라보는 이곳의 경관이 아름답기로 유명하다고 들은 터였다. 허나 바다 냄새 맡고 숨넘어가도록 힘차게 달려왔건만 예상을 한참 밑도는 경치였다. 군 제대 후 자전거 전국일주 하던 때 봤던 동해바다의 그 감흥에 비하면 경치 임팩트가 약했다.

"그때 정동진 앞바다가 훨씬 낫군."

날숨에 기대는 연기처럼 날아가고, 들숨에 실망은 밀물처럼 흘러들어와 뭐라도 하지 않으면 우울해질 것 같았다. 백사장과 해변을 따라 늘어선 호텔만이 전부일 정도로 무미건조하고 조악한 광경을 어떻게 즐겨야 할지 난감했다. 저 멀리 떠 있는 크루즈는 저렇게 화려해 보이는데 말이다. 조금 더 어두워지기 전에 가볍게 해변 산책이나 한번 하기로 했다. 이것으로 멕시코가 자랑하는 마사뜰란을 방문한 최소한의 예의를 차리기로 했다.

"하나 사 가. 싱싱해서 맛이 좋거든."

갯내음 물씬 풍기는 바위틈에서 바쁘게 손을 움직이고 있는 두 남자는 연신 굴 껍질을 까고 있었다. 그 옆에는 연인으로 보이는 남녀 한 쌍이 신기한 듯 쳐다보고 있었고, 그들의 발밑으로는 질서 없이 널부러진 구죽들이 그들의 작업량을 보여주고 있었다.

'쩝, 저걸 고추장에 각종 야채들과 함께 무침해서 먹으면 얼마나 좋을까? 아냐, 튀김으로 해서 먹으면 그 맛이 죽이지. 아, 굴국으로 해서 먹어도 끝내줄텐데.'

보고만 있어도 허기진 장면에 정신이 멍해진다. 머릿속에 그려지는 굴 음식들을 한 번씩 목 넘김 하려면 군침 한 번 꿀꺽 삼켜야 했다. 굵고 탐스러운 굴 딱 하나만 생으로 먹으면 좋으련만 애꿎은 입술만 물어뜯어 본다.

"잠깐만, 보여줄 게 있어."

일을 하다 말고 뭔가 생각난 건지 갑자기 남자는 나와 옆 커플에게 신기한 것을 보여주려고 한 발짝 자리를 옮긴다. 그리고 웅덩이를 휘저어 물컹한 무언가를 집어 올린다.

"하하, 이것 좀 보라구. 문어야. 썰물 때 미처 빠져나가지 못한 녀석이야. 그래서 냅다 잡았지."

진한 화장에 큰 눈이 도드라지던 여자는 징그럽다는 듯 이때다 싶어 남자친구의 품속으로 들어간다. 이런 여우 같으니. 하지만 내 눈엔 뭔가 달라도 확실히 다른 게 비쳤다.

'문어회, 문어찜, 문어볶음, 문어매운탕, 허걱……'

가뜩이나 식욕에 허덕이며 고통 받는 내 옆에서 또 누군가가 주위의 이목을 집중시킨다. 전문 사진기사가 바다를 배경으로 화려한 드레스를 입고 포즈를 취하는 여인을 촬영하는 것이었다. 갯바위 사이로 웬 드레스인가 싶었는데 결혼사진 찍는단다.

그랬다. 왼쪽으로는 결혼한다고 해맑은 미소로 사진 찍고, 오른쪽으로는 자석처럼 꼭 들러붙어 다니는 커플이 있고…….

나는 이것들에 대해 철저하고 초연하게 무관심으로 일관할 필요가 있었다. 집착할수록 나만 손해라는 걸 모를 리가. 해넘이가 가까워 오자 조도가 낮은 오렌지 빛 조명들이 길을 따라 하나 둘 켜지기 시작했다. 해변을 산책하려던 계획을 돌렸다. 동시에 핸들도 돌렸다. 그리고 해변 대신 호텔 뒤편 바닷가로 향했다. 조용히 떨어져 가는 해를 보며 사색을 빙자한 궁상이나 떨어볼 참이

미사뜰란의 오렌지 빛 석양을 바라보며…

었다. 굴과 문어를 마음속에서 애써 지워내면서. 부러우면 지는 거라고 씩씩
거리면서.

● ● ● ●

장렬히 끝난 질주

모래밭은 자전거를 굴리기엔 적합지 않지만 낭만어린 추억의 한 페이지로
장식하는 데는 가장 안성맞춤인 배경이다. 오늘과 안녕을 고하며 코발트 빛
으로 익은 저녁노을은 보는 감흥을 더해 준다. 이때만큼은 소년의 가슴이 된
다. 그냥 잠잠하게 바라볼까 하다 어느 순간 활활 타오르는 열정을 주체하지
못해 노을을 힘껏 끌어안고 싶어졌다.

나는 마지막 떨어지는 햇살을 잡으러 안장에 올라 타 맹렬하게 바다를 향
해 달려갔다. 그건 차라리 인생을 노래하는 영화 속 한 장면이어라. 이 장면을
호텔 베란다에서 지켜보던 이가 있었다. 부부동반 여행으로 온 어느 캐나다
인 할아버지다. 그의 걸쭉한 한 마디,

"이봐! 멈추지 말고 저 수평선 태양이 지는 곳까지 전진하라구. 어서!"

수륙양용 자전거도 아니고 그래도 살아야겠거니 파도가 발목까지 차는 선
에서 나의 도발은 끝이 났다. 할아버지의 표정을 보아 하니 아마도 혈기 넘
치는 젊은 청년이 장렬하게 파도에 빠지는 것을 목격하고 싶었나 보다. 옆에

 서 다정하게 손 흔들며 웃는 할머니도 함께. 어쩐지 두 노파의 농담이 얄밉지 않다. ��

● ● ●

김치어천가

쇼윈도에 대꾼한 청년이 비친다. 노곤한 몸에 달콤한 휴식이 필요했기에 그 쇼윈도를 밀치고 보무도 당당하게 들어갔다. 유명한 홀리데이 인 숙소의 하루 숙박료가 60불이란다. 나올 때에는 살금살금 조신조신 여기저기 인사하듯 고개 숙이며 나와서는 급하게 밤공기를 집어삼켰다.

샐쭉해진 채로 버거킹에 들어갔다. 이곳은 내게 천국이었다. 24시간 운영과 무선 인터넷 때문이다. 그래서 결심했다. 아예 세트 메뉴 시켜 놓고 밤을 새기로. 직원들도 내 상황을 이해했는지 호의적으로 대해 주었고 분위기도 괜찮았다. 더욱이 어느 곳보다 깨끗한 화장실이 있으니 씻을 수도 있어서 추운 것만 제외하고는 그런대로 버틸만 해 보였다.

하지만 제 아무리 좋은 조건이라고 해도 앉아서 밤을 지새운다는 것 자체가 오체투지와 같은 수행에 가깝다. 인터넷도 서너 시간이다. 야구 사이트의 댓글까지 하나하나 정독하고 가 볼 사이트 다 가 보고 유튜브 동영상을 통해 쇼프로그램도 다 보고 나면 더 이상 할 게 없어진다. 그러면 점점 눈은 충혈되고 몸은 찌뿌둥해지며 목과 허리는 극심하게 결린다. 어쩔 수 없이 체력적 한계에 다다르면 그때서야 테이블에 엎드려 잠을 청하지만 자세가 여간 불편한 게 아니다.

밀려드는 추위를 조금이라도 밀어내기 위해 가방에서 꺼낸 점퍼에 머리를 깊숙이 숨긴 채 어렵사리 잠을 청했다. 시간이 얼마쯤 흘렀을까. 구두굽 소리가 묵직하게 들려온다. 인기척에 깨어났다. 버거킹 직원이 홀에 홀로 남겨진 내게 온 것이다. 그리고는 공손하게 무엇인가 내밀었다.

"오, 이게 뭐죠?"

뜻밖에도 김치였다. 아니 어떻게 이런 곳에서 김치가? 정말 한국에서 직접 공수해 왔는지 거짓말처럼 새빨간 배추김치였다. 보기만 해도 강하게 침샘을 자극했다. 나는 흠칫 놀라며 직원을 빤히 올려 쳐다보았다. 사람 좋아 보이는 직원이 웃는다.

"당신을 위해 준비한 거니 먹고 힘내세요."

우와, 기분 최고다! 김치 맛을 본 지가 언제였는지 모른다. 그렇지 않아도 체력적으로 부침이 심했던 나에게 김치는 그야말로 사막의 오아시스와 같은 존재다. 나는 눈으로 감탄할 겨를도 없이 잠이 확 깬 채 허둥지둥 젓가락질을 하기 시작했다. 다른 음식도 없었다. 오직 김치뿐이었다. 그런 김치를 씹지도 않았는데 이미 목구멍으로 그냥 넘어갔다. 꿀맛도 이런 꿀맛이 없다. 김치에 환장한 사람처럼 먹고 또 먹었다. 황홀 그 자체다. 12첩 반상이라도 이리 감읍할

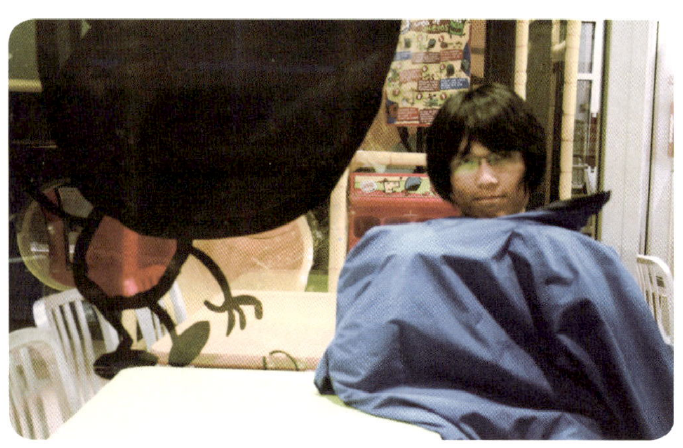

까. 한창 그렇게 그릇에 얼굴을 파묻을 정도로 정신이 팔려 있을 때 직원이 다시 내게로 와 말을 건넸다.

"언제까지 여기에 계실 거예요?"

"……?"

"손님, 죄송한데 이제 영업해야 하는데 언제까지 여기에 있다 나가실 거냐고요?"

"……무슨 소리죠, 대체? 친절하게 김치 갖다 줄 때는 언제고."

갑작스런 직원의 말에 둔전거리던 난 잠시 눈을 감고 생각에 잠겼다. 그리고 얼마 뒤 탁 하고 다리 힘이 풀려 왔다. 지금 내가 심한 착각에 빠져 있다는 사실을 알게 되었다. 얼굴은 탁자 표면에 문드러져 주름이 생겼고 눈은 실성한 사람처럼 반만 뜨고 있었다. 거기에 머리는 제멋대로 헝클어져 있었으며, 찬바람 맞은 다리는 후들후들 떨리고 있었다. 정신을 못 차린 채 자울자울거리며 직원을 바라보던 나는 어렴풋이 상황을 눈치챘다. 그리곤 고개를 숙인 채 힘없이 도리질하자 울음을 터트리고 싶을 정도의 허무함이 밀려왔다.

'진정 이 모든 게 다 꿈이었단 말인가.'

그랬다. 모든 게 꿈이었다. 정말 억울하게도 김치는 내가 만들어 낸 망상일 뿐이었다. 아니 내 영혼이 갈망하는 한 줌의 환상에 지나지 않은 거였다. 꿈에서 본 친절한 직원은 어디 가고 지금 현실은 어서 자리를 뜨기를 바라는 직원이 내 앞에 무뚝뚝한 표정으로 서 있었다. 이게 다 꿈이었다니 정녕 믿을 수가 없었다. 눈앞에서 또렷하게 맛 보았는데. 분명 그 맛을 음미하고 있었는데……. 직원이 잠을 깬 것보다 김치가 현실을 망각한 신기루였다는 사실에 더 착잡해져 왔다. 얼마나 김치가 그리웠으면 꿈에 다 나왔을까.

"10분 안에 정리해서 나갈게요."

체념이 담긴 한 마디를 두고 나서 자리에서 일어나려 한 나는 그만 경직된 근육을 급히 사용하려다 극심한 근육통에 이맛살을 찌푸려야 했다. 조금만 무리해도 풍이 올 것 같았다. 역시 의자에서 밤을 새는 건 젊음이라 해도 무리임에 분명하다. 진심으로 얼어 죽는 줄 알았다. 이건 정말 눈물 없이 겪을 수 없는 새드 스토리. 매장 안에 세워 둔 자전거를 힘없이 끌고 밖으로 나와 보니 돋을볕이 이렇게 반가울 줄이야.

'햇살, 너의 고마움을 모르고 있었다니. 덥다고 싫어 하기만 했는데 오늘만큼은 니가 참 좋구나.'

삐삘라 상이 보이는 과나후아토 뒷골목

상쾌한 햇살을 온몸으로 가득 받으며 다짐했다.

'다시는 버거킹 따위에서 밤새지 않을 거야. 다시는!'

사서 고생도 좋지만 이런 무모한 짓은 앞으로 절대 하지 않을 거라고 다짐했다. 바닷바람이 유난히 차가웠던 이날, 크리스마스이브를 이틀 남겨두고 혼자였던 내가 얼마나 끔찍하게도 우울했는지는 상상에 맡기기로 한다.

아, 김치! 오, 굴! 으아, 문어! 그저 눈물만 앞을 가린다. 하지만 아직 끝나지 않았다. 내게서 멀어지는 것들에 대한 절절한 탐닉에 사로잡힌 이 아침에 속은 또 어떻게 달래야 할는지. 이럴 땐 식탁의 요술램프, 그리운 그 이름을 애타게 불러 본다.

"어무이~!"

그로부터 보름 후, 나는 다시 버거킹에서 밤을 지새웠다……. 🚲

크리스마스에는 사랑을

카떼드랄에서 맞이한 최고의 순간

하늘에 매달려 촉촉하게 젖은 우주의 별사탕들을 바라본다. 그것들 모두 손에 잡힐 듯 굉장한 선물꾸러미인 것만 같다.

"세상에 모든 착한 소원들이 다 이뤄지는 크리스마스 밤이 되었으면 좋겠어요. 참, 그리고 별을 보며 사랑을 키워가는 전 세계 모든 짝사랑하는 분들 화이팅입니다!"

모두가 축제로 기뻐하는 크리스마스이브에 난 멕시코 중부 지역의 작은 마을 아카포네타Acaponeta 경찰서 옆 풀밭에 텐트 쳐 놓고 혼자서 이렇게 궁상 떨고 있다.

교교한 달빛 아래 그림자를 던지는 청춘의 외로운 질주. 조명이 꺼진 삶의 무대에서도 뜨거운 심장은 더욱 세차게 요동친다. 내 곁을 스쳐간 차 뒤로 낡은 바람이 건조하게 뺨을 훑고 나면 도시의 풍경들은 어느새 저만치 밀려난다. 오직 타다 남은 잿빛하늘로부터 깜부기불이 된 별들만이 나의 호흡 위에 서성거리고 있을 뿐……

과달라하라Guadalajara. 멕시코에서 두 번째로 큰 이 도시에서 한 해의 마지막 날을 보내기 위해 거친 숨을 몰아쉬고 한 걸음에 달려왔다. 신년을 이틀 남

겨 놓고 새로운 것을 맞이하기 위해 또 다른 정리가 필요하기도 했다.

언제나 그렇듯이 시간은 조용히 세상에 어둠을 칠한다. 일단 숙소 구하는 데 앞서 당장 시내로 달려갔다. 센트로는 한해를 마무리하려는 인파로 북적였다. 그야말로 인산인해다. 그 풍경 사이로 의지를 벗어난 시신경이 고정되어 오래도록 담아보는 광경이 있었다. 생동감 넘치는 밤공기를 뚫고 역사의 외투를 두르고 우직하니 서 있는 찬란한 대성당이다.

지금껏 많은 교회와 성당을 봐 왔지만 이만큼 압도당한 적은 드물었다.

수백 년이 흐른 지금. 재야의 종소리를 뒤로 하고 신나게 뛰어 들어가는 어린 아이들, 높이 솟구쳤다 떨어지는 분수의 물줄기처럼 인생의 마지막 장을 정리하는 노인들, 감미로운 오렌지 등불 아래 은밀한 사랑을 속삭이는 젊은 연인들, 계단에 앉아 한가로운 평화를 누리는 가족들을 품고 있는 카떼드랄.

하나의 역사를 위해 60년간 노예들의 땀까지
눈물로 바꿔 돌들을 쌓아 올렸던 곳.
종교적 순종의 완성을 위해 숱한 피 흘림으로
칠을 해야 했던 곳. 네 이웃과 원수까지 사랑
해야 할 평화의 중심에서 신을 따르던 자들은
야만으로 얼룩진 인디언 노예사냥의 중심으로
스위치를 바꿔 눌렀고, 영혼을 잠잠한 평안으
로 물들여야 할 성당의 종소리에선 자신의
터전에서 몰살당한 인디언들의 고통스런
비명이 터져 나온다. 아무렴 역사에 남을
건축물을 남겼다 해도 시대의 아픔을 간직한
그래서 그 아픔을 짓누르고 살아내야 하는
멕시칸 원주민들에게 남긴 상처는 어떻게
한단 말인가. 예수를 믿었지만 결코 예수를
사랑하지 않았던 자들에 의해 세워진
비참하도록 아름다운 성전이여!

　마지막은 언제나 아쉽고 또 새로운 만남에 대한 기대로 술렁이기 마련이다. 거대한 성당을 한 바퀴 돌아 나온 길. 저 멀리에서 들려오는 소리를 따라 천천히 자전거를 밀어가며 발걸음을 옮겼다. 수많은 인파 속을 헤쳐 가며 까치발을 들어 머리들 위로 고개를 삐죽 내어 보니 더 수많은 군중이 내 눈앞에 오밀조밀하게 모여 있었다. 성당 뒤편 광장에 설치된 야외 특설 무대에서 오케스트라가 연주되고 있었던 것이다. 송년 음악회를 하는 것이다. 이 공연을 기획한 시장이 누군지 모르겠지만 한해를 보내는 멋진 방법이다.

　이제 막 클래식에 취미를 붙여 듣기 시작한 나는 오디오의 재생이 가져다 주는 평면적 지루함을 벗어나 보다 입체적인 현장감을 제대로 맛보기로 했다. 일단 애마를 세워 놓고 제목도 뭔지 모를 클래식을 귀로 눈으로 또 가슴으로 들었다. 잔잔한 자장가처럼 부드럽게 연주되다가도 어느 순간 표현하기 벅찬 아름다운 선율이 폭발할 때에는 내 마음까지 음악을 따라 하늘로 올라가 버린다. 게다가 클라이맥스 부분에서는 폭죽까지 터트리며 사람들을 열광케 했다.

마지막 무대, 마지막 음악은 바로 박수와 환호, 그리고 함성의 3중주였다. 오케스트라라고 해서 무조건 실내의 고품격 이미지만으로 객석과 거리를 두는 것이 아니라 연주자와 관객들이 서로의 위치에 관계없이 하나가 되어 이 순간을 즐기고 있었다. 음악도 좋았지만 무엇보다 눈대중으로도 1만 명이 넘어 보이는 대관중이 하나가 되어 축제를 즐기는 장면이 너무 멋있고 감동적이었다. 그러나 감탄도 잠시, 이내 곧 서글퍼지는 장면을 목격했다.

내 옆에 아리따운 아가씨도 이 장면에 못내 감동했는지 연신 감탄사를 연발했다. 손바닥을 치면서 어쩔 줄 몰라 하며 그 두 손으로 놀라 벌어진 입을 가릴 때 순간 비치던 맑은 미소가 얼마나 예쁘던지. 과장 조금 보태 모니카 벨루치와 소피 마르소의 경계를 넘나드는 아름다움에 감탄할 정도였다. 잠시 고개를 돌려 본 그녀의 감격스러운 표정에 나도 괜히 흐뭇해졌다.

그때 나타난 정체불명의 남자. 별안간 좀비처럼 뒤에서 쑥 나타나더니 그녀의 어깨를 감싸 안고서는 함께 그 광경을 감미롭게 지켜보는 게 아닌가. 세상

거리의 시인인 마리아치(Mariachi)와 에스뚜디안띠나(Estudiantina) 악사들

에나, 천사도 흠모할 만한 아리땁고 고결한 그녀에게 개미핥기와 고릴라의 불

건전한 만남이 의심되는 남자친구가 있었다니. 더구나 오케스트라의 장중한

연주에 매료되었는지 남자는 여자의 입술에 살며시 키스를 하는 것이었다.

'세…세상…에 입술을 뺏다니. 흑흑흑.'.

여자는 행복에 겨워하며 남자의 품에 얼굴을 묻었다. 이 순간이 영원하길

바라는 듯. 왠지 오케스트라의 피날레 연주가 그들에겐 모차르트의 세레나

데, 나에겐 베토벤의 비창으로 들리는 듯했다. 뒷목이 뻐근해진다. 혼자 여행

하기 참 고달픈 멕시코다. 

● ● ●

마리아치를 향한 외로운 시선

과달라하라의 감미로운 분위기에서 헤어나오지 못한 채 다음 날은 뜰라께

빠게Tlaquepague를 찾았다. 낭만과 서정이 넘치는 세레나데를 경쾌한 연주로

재해석하는 마리아치 공연을 통해 멕시코의 향수를 느껴보고 싶었다. 검정

벨벳으로 차려입은 근엄한 옷차림, 솜브레로의 널찍한 챙, 그 아래로 비치는

진한 콧수염과 강한 눈빛의 남성적 매력, 결정적으로 마음을 주물럭거리는

선 굵은 화음으로 눈길을 사로잡는 영혼의 뮤지션, 마리아치.

이제는 레스토랑이나 거리를 돌며 한 푼 벌이도 쉽지 않아 겨우 명맥을 유

 지하는 그들에게서 복잡다단한 마리아치의 유래를 여행자가 쉬이 알아채는 눈썰미를 갖긴 힘들어 보인다. 그럼에도 흐트러짐 없는 자유분방함으로 기타 줄을 튕기고 트럼펫을 불고 그들의 음악을 존중하는 이들을 위해 최선의 연주를 다하는 모습은 자연히 주머니를 뒤지게 만든다.

때론 격정적으로 때론 부드럽게 사랑과 인생을 노래하는 그들의 음악은 달빛 창가에서도 전장에서도 그리고 광장에서도 조금씩 그 궤를 달리하며 불려졌을 것이다. 맑고 청아하게 술잔을 부딪히며 테킬라 한 잔에 골 깊은 삶의 애환을 털어내 버리는 옵티미즘의 '건배Salud!'는 주어진 것에 만족하고 여유를 가지게 되는 그들만의 문화를 만들어 냈다.

연주가 끝나고 간헐적인 박수 몇 차례와 팁을 얹은 수고료가 손에 쥐어지면 마리아치들의 얼굴엔 힘겨운 미소가 꽃피운다. 주말인데도 자신들의 음악을 신나게 연주할 기회조차 없는 그들의 눈빛은 길 잃은 어린 양처럼 측은하게 보인다.

시간이 늦어 뒤돌아 가는 길, 그림자를 길게 던진 악기가 유난히 무거워 보이지만 마리아치들의 어깨 위로 아직 희망이 걸터앉아 있음을 본다. 오늘도 어딘가에서 테킬라 한잔에 껄껄거리며 하루를 털어낼 그들의 삶은 더 많이 가지고 더 많이 누리는 나보다 어쩌면 더 행복할지 모른다. 그들에게는 아쉬워도 기뻐도 어깨를 토닥여 줄 함께하는 친구가 바로 옆에 있잖은가. 내 시선은 달빛 아래 그들을 향한 부러움으로 잠시 동안 멈춰 있었다.

'아름다운 곳을
모두 갈 수는 없지
만, 내가 간 곳은 모
두 아름다웠다'는 여
행 명제는 이곳에서
도 어김이 없었다.

키스를 부르는 거리

233

아, 나도 키스하고 싶다

원수지간의 두 집안이 있었다. 이 집안들은 하필 좁은 골목길에 마주해 있었으며 대대로 서로를 철저하게 배척하고 있었다. 여기 또 사랑하는 두 사람이 있다. 그들은 밤만 되면 서로 2층 창가에 머리를 내밀고 입맞춤을 하며 달콤한 사랑을 속삭였다. 하지만 이들에게는 사랑마저도 넘지 못할 벽이 있었다. 바로 두 원수 집안의 아들과 딸이라는 사실이었다. 그리고 위태로운 사랑 앞에서 기어이 비극적 종말이 시작되었다.

어느 날 우연히 딸의 아버지가 두 사람의 사랑을 눈치 채고 만 것이다. "도저히 있을 수 없는 일이야. 이건 가문의 수치야", 딸의 아버지는 심히 노했다. 그리고 다시는 되돌릴 수 없는 극단적인 선택을 한다. 그는 잔인하게도 딸을 살해하고 그 시신을 아무도 몰래 지하실의 벽에 묻어 버린 것이다. 그 후의 얘긴 대중에게 알려져 있지 않다. 이 슬프고도 무서운 전설을 간직한, 사람 하나가 간신히 지나갈 수 있을 정도로 좁은 골목이 바로 입맞춤의 골목Callejon del Beso이다. 당연하게도 이곳을 방문하는 대다수 여행자는 커플이 대세를 이룬다. 마땅한 표지판이 없어 물어물어 찾아가야 했지만 길을 잃어도 부담 없는 과나후아토Guanajuato 거리이기에 발걸음은 결코 무겁지 않다.

'입맞춤의 골목' 에 도착해 보니 정말 생각보다 작은 공간이다. '로미오와

이름과는 상관없이 사랑스런 완벽함을 간직할거야.
retain that dear perfection which he owes without that title.
-로미오와 줄리엣의 대사 中에서-

줄리엣'의 멕시코판 신파극이 일어나기에 이만한 최적의 장소가 또 어디 있을까. 이곳 창가에서 젊은 연인들은 자신들이 전설의 주인공이 되어 키스 나누는 장면을 사진에 담아간다. 좁은 계단에서 나처럼 음울하게 독사진을 찍는 사람도 있지만 확실히 2층 창가에서 찍는 커플 사진이 사람들의 시선을 더 잡아끈다.

　키스를 부르는 거리. 아마도 지하실의 벽에 묻혀 있을 딸의 영혼이 이곳을 찾은 연인들의 사랑을 이뤄주는 메신저가 되고 있는 건 아닐까. 자신처럼 사랑을 이루지 못한 아픔을 다시는 보지 않기 위해서 말이다. 부러운 장면에는 언제나 불끈대는 나의 미래가 보인다. 내 언젠가 다시 이곳에 올 때는 달빛 창가 아래서 뜨거운 사랑을 속삭이리라. 아, 나도 키스하고 싶다.

과나후아토의 한 찻집.

이보다 더 낭만적인 길은 없다

과나후아토에서 가장 먼저 만난 건 바로 동화의 나라에서나 나올 법한 지하세계다. 미로처럼 여기저기 터널이 뚫려 있고 지상과 만나는 통로가 있다. 주로 차들의 운행로로 이용되지만 이 낭만에 도취되고 싶어 하는 연인들이 종종 찾는 곳이기도 하다.

이 길을 걷고 있노라면 마치 딴 세상에서 호사스런 방황을 맛 보는 느낌이 든다. 더 매력적인 사실은 초보 행색 자처하며 길을 잃는다 해도 어떤 통로를 통해 밖으로 나가든 과나후아토의 판타스틱한 분위기를 마주할 수 있다는 점이다. 지상과 지하 두 공간이 어우러져 숨을 쉬는 이곳은 다른 도시에서는 전에 느낄 수 없는 미적 흥분을 안겨주는 최고의 공간임이 분명하다.

이런 곳을 한가로이 내려다 볼 수 있다면 얼마나 좋을까. 그런 면에서 도시 전경을 그리 힘들이지 않고 한눈에 볼 수 있다는 것은 참으로 다행스러운 일이다. 시내 한가운데 우뚝 솟은 언덕 위로 올라가기만 하면 되는 것이다.

언덕 꼭대기에는 독립전쟁 때 정부군이 주둔하는 요새를 향해 횃불을 등에 지고 혼자서 용감하게 돌격한 인디오 투사 '삐삘라 기념상Mounmento al Pipila' 이 있기도 하다. 좀 더 편한 엘리베이터가 운행되기는 했지만 튼튼한 두 다리와 심장으로 가는 편을 택했다. 30여 분을 돌아 걸어 올라간 삐삘라 기념

과나후아토 대성당

상에서 최고의 조망을 볼 수 있었다. 한눈에 들어온 장관에 탄성을 지르지 않는다면 얼마나 감성이 메마른 영혼일까. 이런 풍경을 하루에 다 둘러보겠다는 욕심은 결코 과나후아토에 대한 예의가 아니다.

그저 게을리 거리를 산책하는 것만으로도 흠뻑 이 도시의 매력에 빠지고 말 것이다. 흔해 빠진 골목 풍경이 감미로움에 젖은 불빛이 켜지면서 동화의 세계로 탈바꿈 하는 곳, 밤 미사에 터지는 성가 소리가 주위의 분위기와 맞물려 마음이 떨릴 정도로 로맨틱해지는 곳.

온통 아름다움이 넘실대는 로맨틱한 분위기가 발 아래 펼쳐지고, 그 분위기에 푹 빠지기 위해서는 어깻죽지로부터 날개를 펴 뛰어 들어가야만 했다. 역사와 예술로 남은 웅장한 건물들과 순간을 영원처럼 즐기는 로맨티스트들이 북적대는 사이사이 골목마다 나의 청춘을 비벼대고 싶었다. 도시 여행의 전성시대는 과나후아토다.

● ● ●

로맨티시즘 과나후아토

다듬어지지 않은 포석 위로 한 발짝 한 발짝 걸음을 옮기면 파르르 마음까지 떨려 오는 길. 이리 보아도 저리 보아도 마치 아가의 손톱의 반달 마냥 신기하고 또 신기한 거리에 온통 로맨티시즘의 향기로 나풀거린다. 하늘 아래 이토록 동화 속 이야기를 그려 넣은 낭만적인 곳이 또 있을까.

거리 곳곳마다 건물 하나하나마다 그리고 한 사람 한 사람 모든 형체가 햇살에 깨져 차분하고 은은하게 퍼진 채 결 고운 점묘화가 되어 버리는 길. 그 위에 나도 말없이 도시의 한 점 풍경이 되어 버린다.

과나후아토를 구경하기 위해 시내버스를 타는 것은 쪽지시험 앞두고 밤을 새는 꼴이다. 이 도시의 매력은 걸음으로 흠뻑 빨아들이는 데 있다. 라파스 광장Plaza de la Paz에는 도시의 구심점 역할을 하는 샛노랗게 물든 대성당이 있으니 출발과 도착 포인트를 이곳에 잡으면 좋다.

그리고는 도시의 전경을 바라볼 수 있는 삐삘라 기념상에서부터 후아레스Juarez 거리를 타고 이달고 시장까지 역사와 예술의 파노라마를 훑고 난 다음

유네스코 지정 세계문화유산 도시인 궁극의 낭만 과나후아토

에는 굳이 호들갑을 떨며 그 차오르는 감동을 내뱉지 않아도 된다. 어느 순간 잊고 지냈던 사춘기적 감성에 촉촉이 젖어 있는 자신을 발견하게 될 테니까.

콜로니얼 문화 매력의 절정인 과나후아토 구경을 위해 가장 먼저 후아레스 극장Teatro Juarez을 찾았다. 광산으로 부유해진 이곳에서 가장 사치가 극에 달한 건물이라고 한다. 고대 그리스 양식을 모방한 건물 외관에 금을 아끼지 않는 내부 장식이라니, 부가 가져다 준 허영심으로 들어찬 인간 본성을 제대로 표현한 느낌이다. 천박한 자본주의로 계급투쟁을 빚어낸 결과가 고작 궁극의 전시행정인 권력 과시용 건물이었던가. 기둥마다 하급계층의 탄식을 자양분 삼아 세워진 1세기 전 광기가 눈에 선하다. 그러고 보니 언제는 예술이 된 역사 앞에 피지배계층의 피를 토한 적이 없었는지 물어 본다.

극장 앞 계단에서는 수업을 마친 학생들이 살랑거리는 바람에 흩어진 시간 속을 유유히 유영하며 젊음을 향유하고 있다. 오페라 극장의 입구에 들어서기도 전에 이들의 기탄없는 편안한 눈동자는 벌써부터 자유를 향한 내 마음을 열어젖힌다.

오페라에 대한 깊은 조예가 없으면서도 천연스레 한껏 기대를 가지고 들어간 후아레스 극장의 내부는 가끔 영화에서 보던 웅장함이 그대로 나타났다. 화려한 문양으로 천장과 벽면이 수놓여 있는 전체 풍경 속에 배우의 동작 하나하나 시선을 흩트리지 않고 음미할 수 있는 무대를 바라보고 있자니 3층으로 이뤄진 거대한 객석에서 상류사회의 모조된 박수소리가 귀청을 때리는 듯

사치가 극에 달한 콜로니얼 문화의 절정물, 후아레스 극장

"진리가 너희를 자유케 하리라!", 과나후아토 대학.

하다.

이 무대에 서기까지 배우는 또 얼마나 숱한 절망을 이겨내야 했을까. 비록 주인공이 아닌 단역일지라도 무대에 한 번 오르기 위해 인내와 성실로 꿈을 그려 나갔을 것이다. 죽어도 무대 위에서 죽겠노라 결연히 각오하며 땀과 눈물을 쏟아냈을 어느 무명배우의 열정이 지금 나에게 절실히 필요함을 생각해 본다.

도시 중앙에 위풍당당하게 서 있는 카떼드랄은 내게는 심한 기피증을 안겨주는 건축과 미술과 역사의 난감한 조합이었음에도 무척이나 끌리는 곳이었다. 솜사탕 구름이 첨탑에 살짝 걸친 채 마치 중세 성처럼 울멍진 대성당은 성안에 갇힌 공주를 구출하는 이웃 나라 왕자의 모험처럼 어디선가 많이 본 듯한 이야기가 머릿속에서 상상의 나래를 펼치게 만든다.

'진리가 너희를 자유케 하리라' 라는 모토 속에 지식을 박제시켜 놓은 하얀 건축물은 과나후아토 대학이다. 시간만 허락한다면 이 고풍스런 건물에서 한 번쯤은 중세의 권력어였던 스페인어 회화 강좌를 들어 보고 싶기도 하다. 왠지 이곳에서 공부하면 귀에 번역기가 달린 듯 입에 회화사전을 달아 놓은 듯 공부가 잘될 것 같은 느낌이다. 나의 최대 핸디캡인 동급최강 주의산만만 어떻게 해 본다면 말이다.

대학 계단에서 질서 있게 열을 지어 나가는 무리들 속에 나의 감성은 현실을 이탈해 자유로운 날갯짓을 하고 있었다. 아름다움이 시간을 잊은 거리. 햇살은

학교 설립자를 기념한 조형물

어느새 그림자를 던지고 대성당은 더욱 눈부신 노란 빛으로 퍼져 나간다. 이내 그 빛이 블랙에 가까운 레드로 채색되면 어디선가 루피노Ruffino 와인처럼 부드러운 이 밤의 세레나데가 울려 퍼진다. 중세 의상을 입은 에스뚜디안띠나 Estudiantina의 익살맞은 연주가 밤거리에 흩어지고 이 음악의 주인공이 되는 선남선녀들은 누구의 눈치 볼 것도 없이 다정하게 사랑을 속삭인다.

격한 로맨티시즘에 사로잡힌 거리에서 열렬한 사랑을 고백해 보기를 원한다면 망설이지 말고 뛰어오라. 과나후아토의 모든 거리거리에서 사랑이 꽃피울 것임을 단언하나니. 그림보다 더욱 예쁜 그림처럼 후아레스 극장과 카떼드랄, 그리고 과나후아토 대학에서 다시 찾은 여린 감성이 반갑기만 하다. 촉촉한 이 도시의 오렌지 빛 낭만이 오랜만에 나를 하늘로 뛰어오를 것처럼 달뜨게 만들어 버렸다.

매운 코코넛에 담긴 아이들의 꿈

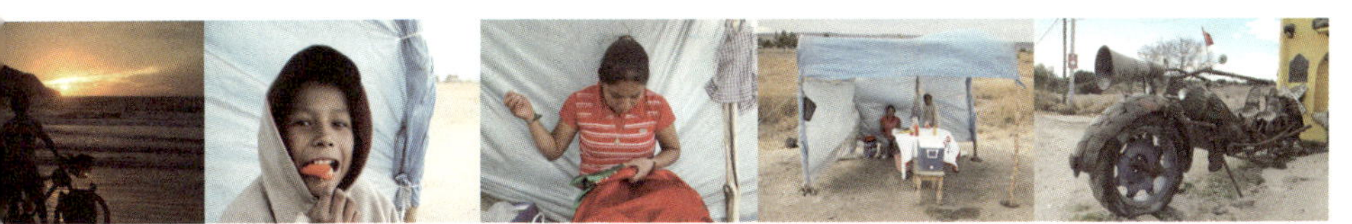

무작정 길에서 멈췄다

마치 잠시 한눈 팔다 놓쳐 버린 영화의 한 장면 같았다. 날이 어둑어둑해짐
에도 목적지로 삼았던 도시가 보이지 않자 전속력으로 도로를 날아갔다. 그
러다 도로 오른편에 바람에 위태롭게 세워진 허름한 천막을 지나친 것이다.
얼핏 스쳐보기로는 그 안에 아이들 두 명이 있었던 듯했다. 별 대수롭지 않게
생각하며 조금 더 가다 핸들을 꺾었다. 대관절 바람이 점점 거세지는 늦은 오
후, 허허벌판에 성의라곤 눈곱만치도 안 보이는 급조된 천막에 아이들이 있
는 연유가 궁금했다.

"안녕!"

"안녕."

자전거를 도로가에 세워두고 열 걸음을 더 들어오고 나서야 아이들 얼굴을
제대로 볼 수 있었다. 한눈에 봐도 꾀죄죄한 모습의 아이들은 표정만은 한없
이 밝아 보였다.

"여기서 뭐하니?"

말을 거니 수줍게 웃는 아이들은 대답 대신 손가락으로 아이스박스를 가리
켰다.

"이게 뭔데?"

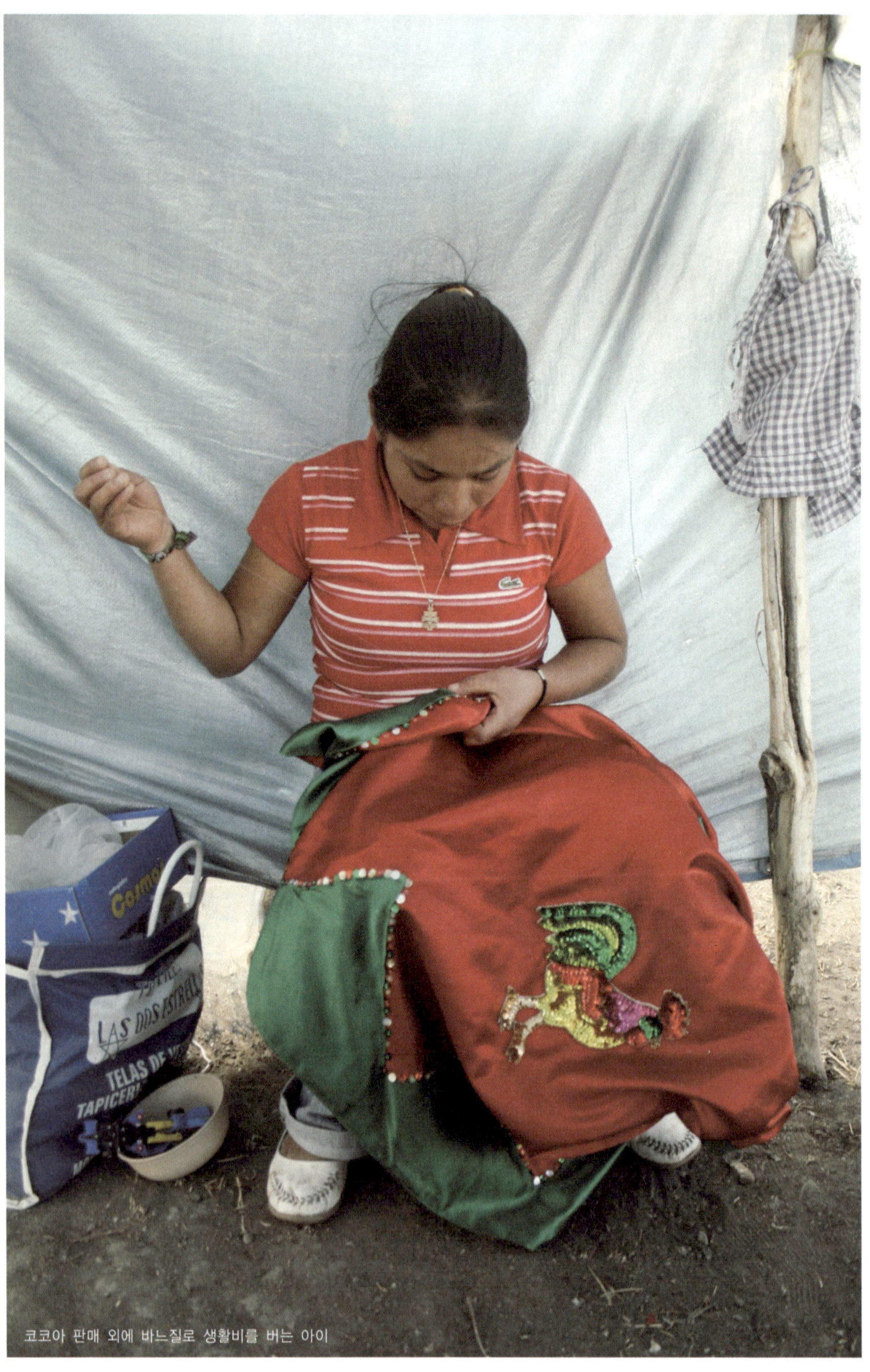

코코아 판매 외에 바느질로 생활비를 버는 아이

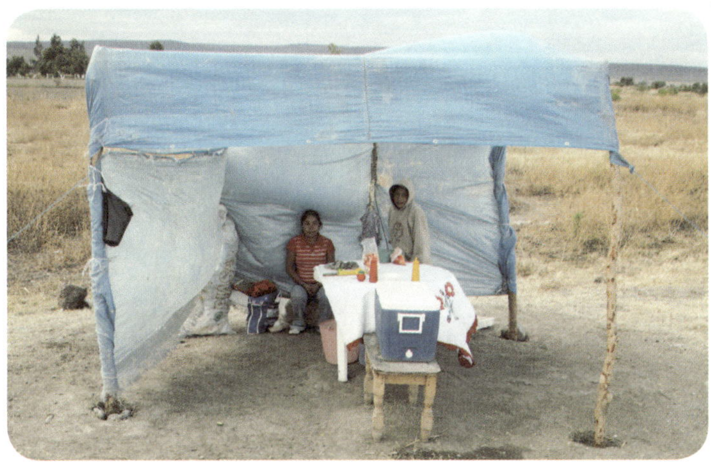

  궁금한 나에게 여자아이는 다소곳이 다가와 직접 아이스박스를 열어 보여 주었다 거기에는 코코넛 열매 몇 개와 코코넛을 다듬어 잘게 잘라 넣은 봉지가 있었다. 그제야 이 녀석들이 코코넛을 팔고 있다는 걸 알 수 있었다. 허나 장사 수완이 썩 좋아 보이지는 않았다. 아무것도 없는 벌판에 세워진 천막에서 마케팅 전략이 전혀 없었던 것이다. 눈요기로 탐스러운 코코넛 열매를 가득 쌓아 놓기만 해도 될 텐데 말이다. 그저 손님이 오면 그때서야 수동적으로 파는 열악한 시스템이었다.

  아이들은 도무지 팔 생각이 없는지 아니면 외국인이라서 부끄러운 건지 그저 머뭇거리기만 할 뿐이다. 앙칼지게 하나 사 달라고 귀찮게 조르거나 몸을

배배 꼬면서 어리광을 부리지도 않으니 일은 내 쪽에서 풀어가야 했다.

"이거 하나에 얼마니?"

"10페소요."

코코넛 열매를 잘게 썰어 놓은 봉지 하나에 1달러 정도 했다. 그 봉지란 게 이를테면 성인 주먹의 3배 정도 크기였으므로 꽤 묵직했다. 다른 곳에서 파는 것보다도 가격은 동일하면서 양은 최소 20% 이상은 더 들어간 것이다.

"10페소라구?"

멕시코에 들어와서 단지 딱 한 번 숙박비를 지불할 정도로 자발적 초강경 프롤레타리아로 지내온 나의 지갑이 이 순간 아주 쉽게 열릴 조짐이었다. 고개를 끄덕이며 얼음땡 자세로 서 있는 아이에게 최대한 손님으로서 정중하게 요청했다.

"코코넛 하나만 잘라 줄래?"

맛에서 흠칫했다

누나로 보이는 여자아이는 아이스박스에서 코코넛 하나를 꺼내들어 예기치 않게 찾아온 손님을 위해 슬슬 손질을 준비하기 시작했다. 우선 얼룩이 훤히 보이는 비위생적인 도마 위에 그냥 물 한 번 붓고는 더 더럽게 보이는 행주

로 도마 위를 훑고 나서 코코넛을 올려 놓는다. 그리고는 오늘 단 한 번도 씻어 본 적이 없을 것이라 단언할 수 있는 무딘 칼을 가지고 땟물이 그득한 조막만한 손으로 코코넛을 이리저리 잡아가며 싹둑싹둑 잘라냈다. 옆에서 하나도 놓치지 않고 바라보는 난 참 뭐라 풀어 놓기 힘든 암담한 심경이었다.

이윽고 손질이 다 끝난 코코넛을 봉지에 담고선 몸을 돌려 동그랗고 귀여운 눈으로 내 눈을 응시한 채 아이가 말했다.

"소스 넣어드려요?"

"그러렴."

아무 생각 없이 승낙했더니 자신들의 입맛에 맞을 정도로 매운 칠리소스를 마구마구 뿌려댄다. 딱 봐도 코코넛의 달콤한 이미지는 사라지고 깍두기 사촌뻘 되는 모양이 탄생하시었다. 난감이 가중되었다. 그렇다 해도 투덜댈 수는 없는 일이다.

"고마워."

그래도 어린아이가 열심히 손질해서 파는 건데 받아든 코코넛을 최대한 맛있게 먹기로 했다. 냠냠, 우적우적 씹어가며 만족스러운 미소를 보이자 아이들도 뭐가 좋은지 삐죽뾰죽 고르지 않은 흰 이를 드러내며 따라 웃는다. 실은 입에서 열불이 난 상황이었는데 말이다. 주스나 음료를 같이 팔면 좋았겠지만 역시나 그런 부분까진 생각지 못했는지 아무것도 마실 게 없었다. 웃고 있는데도 뭔가 부자연스러운 내 표정을 간파했는지 아이는 물이 필요하냐며 나

 에게 물었다.

"오, 그래 물! 한 잔만."

물이라도 있다니 다행이었다. 이젠 표정을 감추지 않고 솔직하게 매운 티를 냈다. 그랬더니 아이들이 내 표정이 우스운지 아까보다 더 박장대소를 한다. 다들 웃는데 나도 전염이 되었는지 그만 따라 웃고 말았다.

아이가 건네 준 물은 지금까지 코코넛을 손질하면서 겪은 과정의 결정판이었다. 물속을 한가로이 유영하는 각종 찌꺼기와 벌레로 인한 비릿한 냄새가 나를 더욱 암울한 절망의 늪으로 침잠시켰다. 어쩔 수 없었다. 잠시 머뭇거리다 눈을 감았다. 딱 한 모금만 입에 적시고는 다시 컵을 내려 놓았다. 설사는 싫다.

'배불러.'

몇 조각은 끝내 남겨두고 말았다. 정말 배가 불러서다. 저녁 생각이 싹 가실 정도로 얼마나 많이 담아 줬는지 모른다. 아이들에게 맛있다며 엄지손가락을 치켜들었다. 누군가에게 칭찬 받는 것이 익숙지 않은지 가타부타 대답이 없다. 나는 천천히 자전거 쪽으로 걸어가 지갑에서 10페소짜리를 꺼낸 뒤 다시 천막으로 돌아와 아이의 손에 쥐어 주었다. 그때서야 조용히 기어 들어가는 목소리로 고맙다는 말을 한다. 나는 눈웃음과 함께 머리를 쓰다듬어 주었다. 🚲

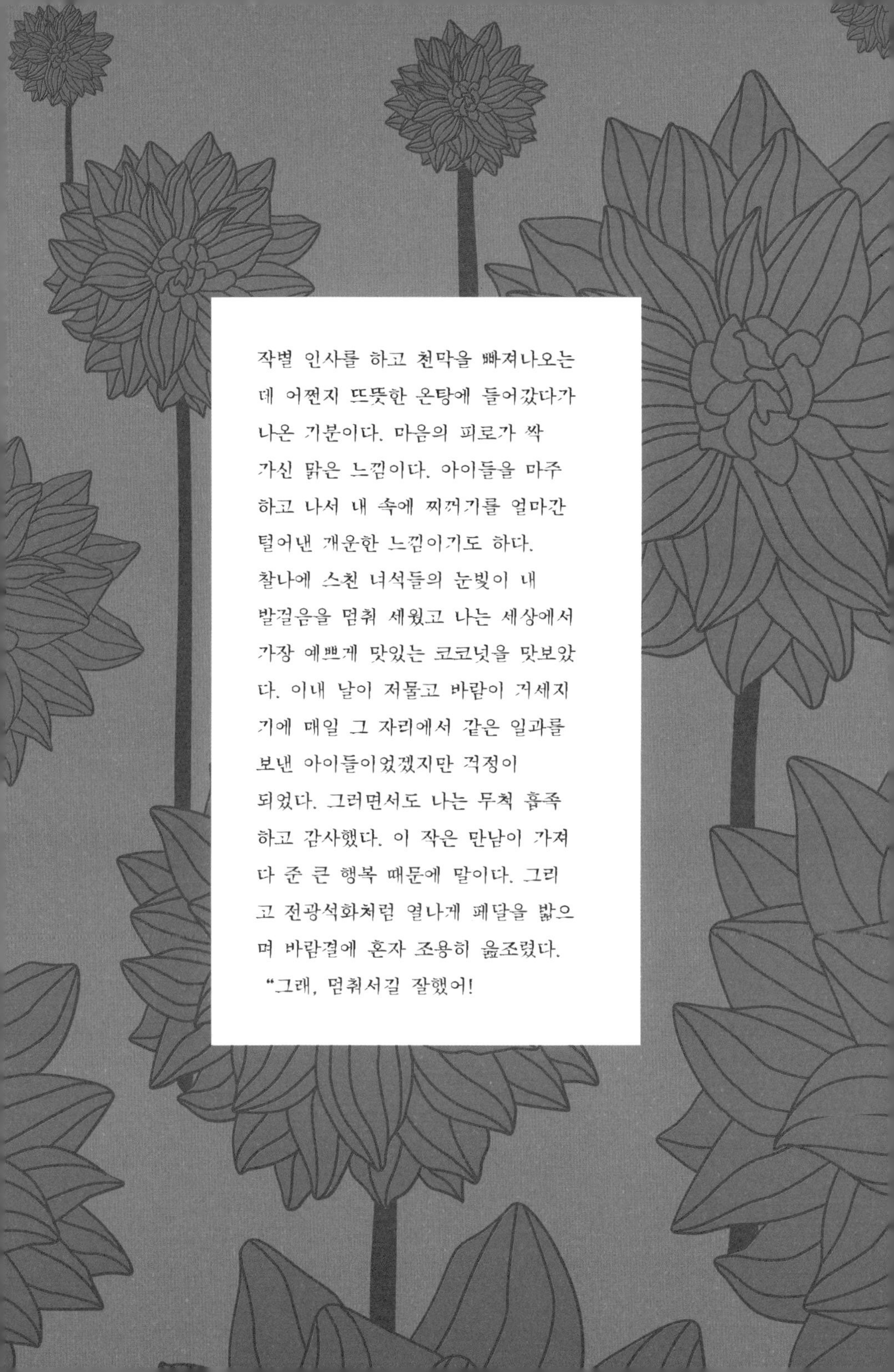

작별 인사를 하고 천막을 빠져나오는
데 어쩐지 뜨뜻한 온탕에 들어갔다가
나온 기분이다. 마음의 피로가 싹
가신 맑은 느낌이다. 아이들을 마주
하고 나서 내 속에 찌꺼기를 얼마간
털어낸 개운한 느낌이기도 하다.
찰나에 스친 녀석들의 눈빛이 내
발걸음을 멈춰 세웠고 나는 세상에서
가장 예쁘게 맛있는 코코넛을 맛보았
다. 이내 날이 저물고 바람이 거세지
기에 매일 그 자리에서 같은 일과를
보낸 아이들이었겠지만 걱정이
되었다. 그러면서도 나는 무척 흡족
하고 감사했다. 이 작은 만남이 가져
다 준 큰 행복 때문에 말이다. 그리
고 전광석화처럼 열나게 페달을 밟으
며 바람결에 혼자 조용히 읊조렸다.
"그래, 멈춰서길 잘했어!

에헤라디여, 귀신 타령

500페소가 사라졌다

그러니까 사건은 전혀 예상치 못한 곳에서 일어났다. 멕시코시티를 향해 가는 중 아캄바로Acambaro라는 작은 도시에서의 일이다. 그날 아침에 세라야 Celaya에서 고기가 듬뿍 담긴 토르따스Tortas를 7페소라는 아주 싼 가격에 맛있게 먹고 중간에 작은 마을에서는 귤 1kg을 단돈 2페소(우리 돈 180원)라는 말도 안 되는 가격에 구입해 또 간식으로 먹으면서 오후에 기분 좋게 아캄바로에 도착했다.

인정 많은 작은 도시였던 까닭에 소방서에서 하룻밤을 묵고 갈 수 있게 되었다. 멕시코의 소방서라면 어느 곳이든 도미토리 시설이 제법 갖춰졌기 때문에 하룻밤 보내는 데는 참으로 용이하다. 나는 그간 이런 곳을 적절히 활용한 까닭에 초저가 경비로 여행을 해 올 수가 있었다.

자전거를 밀고 들어서자 대원이 "아미고!"를 외치며 반갑게 맞아준다. 그리고는 숙소와 샤워실 등을 친절하게 가르쳐 주며 동양에서 온 낯선 이방인의 마음을 한결 가볍게 해 주었다. 작은 규모의 소방서에서는 대원 한 명과 루시Lucy라는 사무실 여직원이 있었다. 잠시 후 앳되어 보이는 한 사내가 소방서를 방문했다. 루시의 단짝친구라는 카를로스Carlos였는데 그는 시내에서 사진관을 운영하고 있었다. 마침 루시와 나, 카를로스가 모두 같은 나이인데다가 영어가

가능한 까닭에 언어의 장벽을 넘은 우린 급속도로 친해질 수 있었다.

"문, 시장하지 않아? 내가 오늘 저녁 쏠게."

루시가 제안한다.

"오, 그러지 않아도 되는데."

나는 뒤를 구겨 신던 신발을 급하게 고쳐 신었다. 소방서 직원 숙소에다 간단히 짐을 풀고는 가볍게 저녁식사 하러 추리닝 차림으로 밖에 나갔다. 광장에 위치한 야외 레스토랑에서 먹은 고기와 야채, 치즈를 섞어 놓은 미니 샌드위치 고르디타스Gorditas와 타코에 칠리소스를 더한 엔칠라다스Enchiladas, 거기에 후식으로 밀어 넣은 아이스크림의 맛은 정말이지 입맛에 꼭 맞을 정도로 기가 막혔다. 부담스럽지 않은 가격으로 즐거운 만찬을 나눌 수 있는 소소한 만족에 여행하는 기쁨을 찾는다. 우리는 각자 자신의 일과 꿈과 사랑을 얘기하며 밤늦도록 얘기꽃을 피웠다. 오랜만에 동년배끼리 만나니 문화는 달라도 사는 건 같다는 생각에 자꾸 맞장구를 치게 된다.

카를로스와 루시와 함께 기분 좋게 저녁식사를 마치고 때를 맞춰 지나가는 가톨릭 순례행렬Peregrinacion을 구경한 후 우리는 숙소로 돌아왔다. 숙소에 도착해 보니 낯설어진 패니어 모습이 애매하게 느껴졌다. 외출할 때 가방을 옆어두고 나왔는데 돌아와 보니 반대로 놓여 있는 것이다. 혹시 하는 마음에 가방 속의 지갑을 보았다. 아니나다를까 500페소짜리 지폐가 없어졌다.

함부로 의심할 수는 없었다. 나도 모르게 다른 곳에다가 흘려 두었을 수도

 있다. 그런데 생각해 보니 500페소짜리 거금을 구태여 지갑에서 꺼낼 이유도, 지금까지 꺼내야만 했던 상황도 발생한 적이 없었다. 과달라하라에서 두 장을 챙겨 왔었는데 한 장이 소리 없이 일장춘몽이 되어 버린 것이다.

게다가 다음 장면에서 더더욱 수상한 낌새를 눈치 챘다. 결정적으로 다른 한 패니어의 지퍼가 닫혀 있는 것이다. 확실히 나가기 전 노트북을 빼내고 지퍼를 닫지 않았었다! 평소에도 귀차니즘의 발로로 노트북을 다 쓴 다음 그것을 다시 넣을 때 가방 지퍼를 닫는 습관이 있었다. 이쯤되자 의심은 어느덧 확신으로 변해가고 있었다. 혼자 남은 소방대원에게서 처음 만났을 때의 살가움이 더 이상 느껴지지 않았다. 그리고 그는 내 시선을 자꾸 비켜갔다.

"있잖아, 이상해, 가방이!"

범인이 지목한 범인의 정체

카를로스와 루시에게 정황을 설명했다. 그리고 그들이 다시 소방관에게 자초지종을 설명하고 연유에 대해 물어보았다. 미안하지만 난 심정적으로 혼자 남아 있었던 대원을 범인으로 찍고 있었다. 달리 설명할 방도가 없기 때문이다. 두 친구도 어느 정도 분위기를 눈치 채고 있었다. 분위기가 썰렁해졌다. 소방관은 어떻게든 이 상황을 회피하고 싶은 듯 보였다. 그리고 이어진 그의 답변.

"내 생각엔……."

과연 어떤 답변으로 위기를 모면하려 들까? 그의 입술과 표정을 주목했다.

"내 생각엔 말야. 귀신 짓인 거 같아."

모두가 뚱했다. 카를로스가 다시 묻는다.

"뭐라구요?"

"난들 모르겠는데 아마 귀신 짓이 아니겠냐는 거지."

대원은 딴청이다. 그는 절대로 내 눈을 마주치지 않았다. 그저 시선을 땅바닥에만 고정시키거나 엄한 데를 둘러보는 것이다. 진실이라면 내 눈을 보고 사근사근 조목조목 답해야 될 일이다. 카를로스가 내게 물었다.

"귀신, 믿니?"

난 그만 어이없는 표정을 지어 보였다.

"조심해, 여기 사람들 함부로 믿으면 안 되거든."

사무실에서 일하는 루시가 영어로 조근조근 상황을 설명해 줬다. 오이 밭에서 신발끈 매면 안 되는데 그 대원은 이후 나와 함께 있는 동안 한 번도 얘기는 물론 눈도 마주치지 않았다.

500페소면 정말 큰돈이다. 이 동네에선 귤 1kg이 단돈 2페소, 타코는 3~5페소 정도다. 거기에 치킨이 한 마리에 50페소이며 숙박비가 100페소 안팎이다. 억울하기 짝이 없었지만 평소에 안전관리를 제대로 하지 않은 내 잘못이 컸다. 어쨌거나 원인을 제공한 내 잘못이었다. 심증은 있지만 물증이 없었다. 귀

화덕에 구워 먹는 서민 음식 메멜리따스(memelitas). 치즈가 녹아 있어 맛이 예술이다.

신 짓이라고 말도 안 되게 발뺌하는 그의 눈에 상당한 불신감을 느꼈다. 다른 이유도 많을 텐데 하필 귀신타령이라니. 미리 준비한 그럴 듯한 변명 따윈 없었는지 진정 묻고 싶었다.

찜찜한 기분 털어낼 수 없을 때 마침 다른 소방대원이 야간 근무조로 출근했다. 그는 우리가 함께 있는 걸 보더니 반가웠는지 대뜸 먹을 걸 사준단다. 오, 놀라워라, 그대의 후덕한 인정. 전권이 손님인 나에게 주어졌다. 스트레스가 쌓여서일까. 별안간 하와이안과 불고기 피자가 먹고 싶었다. 그는 덜컥 하와이안 콤보 라지피자를 주문시켜 준다. 정신이 없는 통에 그것이 그나마 위로가 된다. 뒤늦은 후회가 마음에 병을 남긴다. 앞으론 철저히 지갑관리 해야겠다는 소 잃고 외양간 고칠 마음으로 내 실책을 나무랬다. 마음이 심란하니 그만 미열까지 생겼다.

입에 들어가는 피자 위에 오늘의 찜찜함까지 말아 넣어 잘근잘근 씹어 넣었다. 그래도 망각 때문에 즐거운 인생. 날마다 주어진 하루라는 새로운 도화지 위에 새롭게 그려나갈 그림들이 있어 단 하루 가지고 삶을 평가하기란 어리석은 법. 내일은 또 내일의 새로운 태양이 뜬다. 감정을 울적모드에서 평안 모드로 취사선택 한다. 이내 조금은 긴장이 풀리고 늦은 피로가 몰려왔다. 삶 이란 게 다 그렇듯 비슷한 범주에 속한 그래서 동질감이 생기는 이런저런 살 아가는 얘기로 밤은 깊어만 가고 슬슬 각자의 자리로 돌아가려 했다.

그런데 이 양반, 그래도 그렇지 우리가 웃고 떠드는 사이 혼자 근무서다 아 무도 몰래, 도둑걸음으로, 인사도 없이 조용히 퇴근해 버렸다. 처음에 그렇게 반갑게 맞아주던 그 대원이.

내 심증이 맞다면(진심으로 틀리길 바란다) 차라리 나의 500페소가 오늘밤 그의 아이들에게 풍성한 피자가 되어 돌아갔으면 좋겠다. 노모에게 따뜻한 옷 한 벌로 대신했으면 한다. 그리고 나는 오늘밤 500페소짜리 럭셔리한 소방 서에서 잠을 자는 것으로 퉁치는 걸로 한다. 이렇게 해야 여행이 근심 없이 즐 거워지는 것이니까.

삶이란 마치 테셀레이션Tesselation 같은 것. 작은 이야기 조각 하나하나 모 아 보면 완성된 인생이 보인다. 색깔이 다르고, 때론 모양이 다른 것 같지만 결 국 크게 보면 완전한 하나를 위해 존재하는 또 다른 작은 하나. 불완전한 수많 은 만남과 에피소드가 후에 하나의 삶의 일기가 되면서 나는 그것을 보고 기 뻐하고, 미안해하고, 울고, 웃고, 화내고, 부끄러워하고, 감격에 젖는 하나의 의미 있는 시간이 될 것이다. 생각해 보니 500페소가 그렇게 중요한 건 아닌 것 같다. 내 삶의 태도가 더 가치 있으리라.

MEXICO

칸쿤
Cancún
메리다
Merida
툴룸
Tulum
이슬라 무헤레스
Isla Mujeres
체투말
Chetumal
오악사카
Oaxaca
살리나 크루즈
Salinacruz
아카풀코
Acapulco

누군가 내게 말했다.
그건 '현실도피' 아니냐고…
나는 대답했다. '현실보다 꿈에 대한
도피가 더 비겁한 것' 아니냐고…

PART3

남부 멕시코

여행이 따목거 즈음 시작되는 진짜 여행

멕시코 시티 대성당 내부

보는 게 남는 거야

● ● ●

238만 7056마리 나비 떼

"와, 정말이에요? 그렇게나 많이?"

"글쎄 그렇다니깐! 거기다 내 사유지니 지금껏 들어와 본 사람은 손에 꼽힐 정도야."

허풍에 가까운 놀랄 만한 사실에 늦은 아침의 나태함이 척살되고 무뎌졌던 신경이 생기 있게 곤두섰다. 로페즈Lopez는 자신의 집 뒷산에 엄청난 보물이 있는 것처럼 내게 자랑하고 있었다. 기왕지사 그의 안내로 가기로 한 거 이제 내 두 눈으로 똑똑히 확인할 일만 남았다. 내 눈이 장식용이 아니라면 그의 호언대로 놀라 탄성을 지를 일만 남은 것이다.

욕이 한 바가지 나오는 구절양장 같은 산을 넘다가 한적한 도로에 차를 세워두고 동료들과 걸쭉하게 테킬라를 들이키는 로페즈를 만났다. 그는 도리질을 하는 내게 테킬라 대신 소다수를 내주며 집에 올 것을 초청하였고, 객창한 등(客窓寒燈) 신세인 나는 당장 그 제안을 받아들여 차로 먼저 떠난 그를 뒤따라 수소문하여 집을 찾아갔다. 그날 밤 손님을 뜨겁게 반겨준 그와 그의 동료들과 목까지 차도록 타코를 먹고 음료를 마시며 행복에 겨운 채 식도락 여행의 환희를 맛봤다. 다음 날 아침 침대에 일어나 졸린 눈으로 아침 햇살을 받던

마초 기질이 물씬 풍기는 로페즈(왼쪽)와 그의 친구. 황야의 느낌이 물씬 나는 솜브레로 쓴 멕시칸들은 이방인 자전거 여행자를 초대해 주어 밤늦도록 파티를 열었다.

내게 그는 향긋한 떡밥을 던졌다. 꼭 가 봐야 할 좋은 데가 있단다.

로페즈의 집은 산간 쪽에 위치해 있었다. 차로 비포장을 30여 분 정도 올라가야 하는 곳이다. 빽빽이 우거진 수림 사이로 먼지 풀풀 내며 산길을 달리는 게 얼마만인지. 덜컹거리는 좌석에 엉덩이가 들썩이고 로페즈의 장담에 마음까지 동요한다.

보드랍게 흰 꽃을 피운 배나무들을 지나 시골 할머니 댁처럼 포근한 집에 들어서니 날개를 채 다 펴지도 못하고 땅을 성급하게 달려가는 영계들에 마당이 소란스럽기만 하다. 정겨운 시골 풍경이다.

"엄마, 내 친구 문이에요. 자전거 타고 여기까지 왔는데 어제 알렉스랑 같이 만났다가 오늘 집으로 데려왔어요."

"로페즈, 시장할 텐데 식사부터 하지. 잘 왔어요. 부엌에 수프와 치킨요리 해 놨어요, 와서 들어요."

켜켜이 녹아든 인생의 연륜으로 주름이 져진 로페즈의 부모가 이방인을 반갑게 맞아준다. 준비된 치킨과 수프로 시장을 달래고 바로 뒷산에 오르기로 했다. 나만큼이나 마음이 들뜬 걸까. 몇 번을 봐 왔을 로페즈의 아버지도 손님과 함께 또 가고 싶다며 앞자리에 동승했다.

산은 겉보기에 그리 높지는 않았지만 급하게 경사진 돌길을 다시 반시간에 걸쳐 올라갈 만큼 그 산새가 험했다. 그래서 수신탑이 설치되어 있는 이곳에 방송 관계자와 로페즈만 드나들고 있었다. 그가 말하는 곳은 차에서 내려 한

쿠퍼 캐니언

시간 정도 더 걸어야 하는 곳이다.

"난 지쳤어. 그냥 여기서 쉴래. 둘이 다녀와."

말이 트레킹이지 등반이나 다름없는 길에서 일단 로페즈의 아버지가 수건을 던졌다. 바위에 걸터앉아 가쁜 숨을 내쉬고 흐르는 땀을 닦는 걸 보니 세월을 거스르기에 힘이 부쳐 보인다. 그를 두고 우리끼리만 가야 했다. 나 역시 뜨거운 햇살 아래 물을 포함한 아무 장비도 없이 산을 오르는 것에 대해 살짝 후회가 들려고 했다.

멕시칸들의 허풍은 침소봉대가 무색할 정도로 예의 화려하고 과장된 설명으로 도배되어 있는 경우가 잦다. 때문에 이 산행에 대해 전혀 의심이 없었다면 거짓말이다. 하지만 여기까지 고생하며 올라온 것이 아까워서라도 포기할 수는 없었다. 로페즈는 자신의 사유지임을 강조하기라도 하듯 구석구석 자세한 설명과 더불어 산길에 둘러쳐진 울타리 문을 열쇠로 열어 젖혔다.

"이야! 나비들이네?"

가끔 상태를 묻는 것 외에는 침묵을 짊어지고 올라간 지 이십여 분쯤 됐을까. 무더위에 지치고 발걸음이 천근이 될 때쯤 드디어 나비들이 하나둘 보이기 시작했다. 날개를 펄럭거리며 하늘 위를 떠다니는 봄의 전령사들.

"친구, 아직 아니야. 벌써부터 놀라면 어떡해? 아직 십 분 정도 더 들어가야 해."

수십 마리의 나비 떼에도 연신 카메라 셔터를 눌러대는 나에게 로페즈는 남은 길을 마저 갈 것을 채근했다. 너른 공간을 우아하게 나다니는 나비들을 따라 시선이 쫓아갔다. 피란 하늘에 점점이 박힌 귤색 곤충들은 완벽한 2차원의 이미지를 보이고 있었다. 그런데 로페즈가 야심차게 준비한 나비 떼의 향연은 아직인가 보다.

정상에 가까워 올수록 저 아래로는 두 도시가 회색빛 시가지를 이루며 떨어져 있는 것이 보였다. 자전거로는 반나절을 달릴 만한 거리가 산 위에 오르니 두 눈에 들어찼다. 이름 모를 꽃들 앞에 잠시 멈춰 서서 눈을 정화시키고 산에 모든 것을 훑어보려는 듯 좌우상하를 호기심 가득하게 둘러보니 어느덧 로페즈가 침 튀겨가며 말했던 그 장소에 도착했다.

멕시코 중부 마라바티오(Marabatio) 지역에 서식하는 수백만 마리의 나비 떼

“…….”

“어때, 친구? 굉장하지?”

“맙소사, 이런 세상에!”

순간 나는 엄청난 광경에 혼은 홀랑 도망가고 남아 있는 껍질의 관성으로 움직이면서 잠시 뭐가 뭔지 모를 정도로 혼란에 휩싸였다.

“그러니까 이게 다 나비란 말이죠?”

“그럼, 여기랑 미추아칸 쪽으로 나비들이 많이 오지. 미추아칸 나비 축제도 있어. 4월이 되면 엄청나게 나비들이 몰려들거든.”

“도대체 이 나비들이 다 어디서 온 거예요?”

“음, 대부분 캐나다에서 날아오는 게 많아. 그리고 여기에서 교미하면서 알을 낳기 때문에 수가 엄청나지.”

굉장했다. 허풍이 아니라 도리어 로페즈의 설명이 빈약할 정도였다. 처음엔 수십 수백 마리가 눈에 보이더니 갈수록 그 숫자가 증가해 결국엔 수백만 마리가 완전히 숲을 뒤덮은 광경에 혀를 내두를 수밖에 없었다. 그야말로 나비 세상, 나비 천국이다.

공포영화에서나 볼 법한 소름끼치도록 엄청난 나비 떼에 기겁했다. 이 친구들이 모두 나에게 달려들면 난 흔적도 없이 사라질지 모른다. 몇 마리는 아예 내 몸에 달라붙었다. 아무것도 아닌데도 괜히 움찔한다. 길 위에도 몇 천 마리가 이미 죽어 있었다. 여기도 나비, 저기도 나비, 거기도 나비, 나비, 나비, 그

 리고 나비.

　"하나 둘 셋 넷…… 238만 7056마리……."

　맞는다는 보장은 없지만 세어보기 전엔 반드시 틀린다는 보장도 없어 내 멋대로 나비 수를 재단하고는 그냥 조용히 감상에 젖었다. 대관절 이렇게 엄청난 광경을 두고도 나라에선 아무 말이 없는지 궁금했다. 여행지로 개발을 해도 충분할 만큼 호기심을 자극하는 곳인데 말이다.

　"뭐, 수소문 해 보긴 했지만 아무도 관심이 없더라고. 여길 개발하기엔 길도 좋지 않고, 나비 하나 보자고 엄청난 돈을 길 위에 뿌릴 사람은 없을 테니."

　사실 산 하나를 개발하기 위해서는 기초시설만 해도 엄청난 경비가 소요될 것은 뻔했다. 몇 년간 꾸준히 로페즈가 손수 도로 공사를 했기에 지금은 그나마 자신의 차와 방송 차량 들이 산 중턱까지는 무리 없이 다닌다고 한다. 그러니 이곳은 어쩌면 영원히 로페즈의 아지트로만 남을 공산이 컸다.

　아무리 봐도 질리지 않은 나비 떼에 정신을 못 차리고, 오랫동안 이 경이로운 자연에 탄복하는 기쁨으로 넋 놓고 웃기만 했다. 어느샌가 로페즈와 그의 아버지는 나무 그늘에 다정히 앉아 부자간에 이 지역에서 유명한 용설란으로 만든 미스깔Mezcal로 술잔을 기울였다. 옆에 타는 목마름으로 갈증해소만 머릿속을 지배했던 나는 건네받은 오렌지를 흡혈귀처럼 쪽쪽 빨아 과즙이란 과즙은 죄다 빨아들였다. 꽃의 꿀을 빠는 나비들 속에 파묻힌 채.

● ● ●

피라미드 높다 하되 하늘 아래 돌계단이라

높이가 66m? 너무 같잖았다. 자전거로 하루 100km씩 달리는 내게 겨우 이 정도의 숫자놀음은 살짝 콧방귀를 껴 줄 레벨일 뿐이다. 계단이 248개, 이거 뭐 애들 장난도 아니고, 소싯적 목포의 명물 유달산 228m를 정상까지 산책할 때도 계단의 수는 이것보다 수 배는 많았다. 명색이 이집트와 대항할 정도의 멕시코 최대의 피라미드라는 규모가 겨우 이 정도인가 살짝 김샐 때쯤 바로 앞에 라틴 아메리카 최대의 도시국가 문명의 흔적이 보였다. 보일 듯이 보일 듯이 보이지 않는 따오기의 한 구절처럼 피라미드는 시각과 공간의 괴리 속에 잡힐 듯이 잡힐 듯이 은근히 잡히지 않는 거리에 있었다.

잠시 후. "이거 뭐야?" 가쁜 숨을 몰아쉬고는 고개를 들어 앞뒤를 번갈아

돌아본 나는 그 자리에서 기절초풍하고 말았다. 죽도록 계단을 타고 올랐는데 올라온 길은 마을 뒷산이요, 올라갈 길은 에베레스트 산이었던 것이다.

"저기 아주머니, 솔직히 안 힘들어요? 난 죽겠구만. 야, 꼬맹아, 너 진짜 괜찮아? 도대체 여길 어떻게 그렇게 쉽게 올라가는 거야?"

몇 계단 안 된다던 피라미드를 중간도 채 못 가 저질체력의 밑천이 드러난 지금, 한참 뒤에서 출발한 사람들은 이내 나를 앞지르고 있었고, 더욱 절망적인 것은 10살도 안 된 아이들도 표정 하나 바뀌지 않고 야무지게 올라가고 있었다.

'형아, 무슨 엄살이 그리 심해? 장난하지 말고 빨랑 올라 와.'

다리도 풀리고 눈도 풀려 오만 인상 찡그린 채 난간을 붙잡고 계단에 걸터 앉을 때였다. 맥박이 요동치고 거칠게 숨을 몰아쉬는 나를 이상하다는 듯 쳐다보는 아이들의 시선에 멋쩍게 웃어보였다.

'애들아, 형아가 웃는 게 웃는 게 아니다. 니들은 조상 때부터 대대로 높은 곳에서 살아서 최대한 산소를 빨아들이는 피지컬 체계가 완성된 상태지만 이 형아는 말이다, 해발 0m의 바다도시에서 살고 왔거덩. 봐라, 그니깐 뭐냐 충분한 고도 적응이 아직 안 되었단 거지. 그래서 숨 쉬기가 곤란하고, 에 또……'

이렇게 눈빛으로 강렬히 말하는데도 애들 앞에서 스스로 초라해지는 이유는 뭘까. 괜히 구차해지는 것 같아 슬프다. 그늘 한 점 없는 거친 오르막 계단을 올라가는 건 고역이지만 이따금 불어오는 청풍에 청승맞게 시 한 수 읊어본다.

'피라미드 높다 하되 하늘 아래 돌계단이라
오르고 또 오르면 유적 전경 감상하거늘
사람이 제 아니 오르고 사진만 찍고 간다 하더라.'

후들거리는 다리로 각고의 노력 끝에 드디어 태양의 피라미드 정상에 올랐다. 세계에서 3번째로 큰 피라미드를 오르다니 감격적인 순간이 따로 없었다. 정상은 뾰족하지 않고 밋밋한 평지로 되어 있는데 바로 신전이 세워져 있었던 곳이기 때문이다. 피라미드의 서쪽에는 4각형의 단이 6도의 경사각으로 일몰 위치를 보이고 있다. 이 방위각은 태양의 회귀선으로 하짓날 태양이 정확히 태양의 피라미드 정면을 비추도록 설계되었다. 즉 자연과 문명이 조화

테오티우아칸, 달의 신전에서 바라본 전경

를 이루며 서로를 축복해 주고 있는 것이다.

태양의 신전은 실로 웅장했다. 거대한 신전의 계단 밑에 서 있는 인디오는 신전 꼭대기에 있는 제사장을 잘 볼 수 없으며 단지 끝없는 높이와 무한한 공간으로 환상을 자아내게 한다. 소매로 땀을 훔치고 바라본 테오티우아칸 Teotihuacan의 전경은 지상에서 보는 것과는 엄연히 다른 위엄이 서려 있었다. 수백 개의 신전에서 드리는 제사와 1,000개의 공동주택에서 5만여 명이 살아가는 광대한 풍경에 압도당하지 않을 수가 없었다. 기원전 2세기경에 건축되어 기원후 3세기에서 6세기까지 전성기를 이루고 7세기경 이민족에 의해 멸망한 나라.

하지만 그 명성은 사라지지 않고 후대의 부족들에게 많은 영향을 준 이곳은 특히 아스텍 부족이 이곳으로 순례여행을 하곤 했을 정도로 정치, 경제, 종교, 문화 등 모든 사상을 집약시켜 놓은 주요 거점 포인트다. 그들은 장엄한 피라미드군을 보고 이것이야말로 '신들이 지은 도시'라고 믿었다. 게다가 10~12세기에 멕시코 중부를 지배했던 톨텍족이 쓰던 나와틀어에 의하면 이곳은 아예 '인간이 신이 되는 곳'이다. 그 장엄한 역사의 한 페이지가 바로 눈앞에 펼쳐 있는 것이다.

태양의 피라미드를 내려와 다시 달의 피라미드로 향했다. 유적들 한가운데 곧게 뻗은 메인 스트리트인 '죽은 자(死者)의 길La Calle de los Muertos'을 걷는데 폭이 45m에 길이만 4km에 이른다. 엄청난 무더위에 걸음을 옮길 적마다 숨

 이 턱턱 막혀오고 몸은 땀으로 젖어든다. 얕잡아 봤던 규모에 대해선 이미 두 손 두 발 다 든 상태다.

달의 피라미드에 올라서 본 테오티우아칸의 전경 또한 예사롭지 않았다. 무엇보다 죽은 자의 길 정면에서 바라보이는 대로(大路) 양쪽에 정갈하게 늘어선 건축물을 보니 마치 줄지어 인사를 받는 형국이 흥미롭다. 바로 옆에는 달의 피라미드에서 제례를 관장하던 신관의 주거지인 께쌀빠빨로뜰 궁전이 위치해 있다. 자체 크기는 좀 더 작지만 지대가 올라와 있기 때문에, 높이 또한 태양의 피라미드와 비슷해서 오히려 이곳에서 더욱 중요한 제사가 이뤄지지 않았을까 추측할 수 있다.

이곳의 특징은 대부분 거석으로 되어 웅장함과 무거움을 특징으로 하는데 대체로 사각형을 이루고 있고 아치 모양이나 궁륭 형태가 존재하지 않는다. 따르따블레라는 건축 양식으로 경사진 기반 위에 수직으로 판면을 끼워 넣은 기단, 그것의 중첩이 거대한 피라미드의 형태를 이루고 있다. 건축 기구가 빈약하여 기중기나 도르래는 물론이고 바퀴의 존재도 모르고 있었으며 단지 지렛대를 이용한 것으로 추측되는 시대에 건축된 피라미드는 어딜 가도 그 공법이 미스터리하기만 하다.

다시 돌아오는 길, 달의 피라미드 바로 옆 께쌀빠빨로뜰 궁전을 찾았다. 하과레스, 뜰락록, 께쌀 등 신들의 벽화가 선명한 색으로 남아 있어 그들의 미술 기법을 가늠해 볼 수 있다. 그리고는 마지막으로 사방이 성벽으로 둘러싸였지만 깃털이 난 뱀으로 물과 농경의 신인 껫살꼬아뜰과 비의 여신인 뜰랄록과 번갈아 가며 화려하게 장식된 껫살꼬아뜰 신전을 한 번 더 방문했다. 매끄러운 석고 위에 밝게 채색되어 아름다움을 뽐내었으나 시간이 지남에 따라 퇴색되어 지금은 검붉은 색의 흔적만이 남아 있는 곳. 하지만 테오티우아칸에서 가장 건축학적 화려함을 자랑하는 이곳에는 바로 앞 제단에서 현대를 살아가는 사람들이 아직도 옛날의 그 기를 받기 위해 기도를 드리는 흥미로운 장면을 볼 수 있다.

점심 때 도착한 도시국가를 여유롭게 다 둘러보는 것은 그리 쉽지 않은 일이었다. 그 많은 사람들이 언제 다 사라졌는지 오후 4시가 훌쩍 넘은 시간, 테오티우아칸 죽은 자의 길 위에는 썰렁하게 나 홀로 남게 되었다. 마치 영화의 한 장면처럼 타임머신을 타고 1500년 전 시대로 돌아온 느낌이었다. 내가 머물렀던 곳으로 시선을 옮길 때마다 나는 제사장이 되고, 평민이 되고, 때론 포로가 되었다. 어쩌면 스스로 신이 되었는지도 모른다.

느낄 수 있는 거라곤 피라미드의 웅장함과 내 뺨의 땀을 쓸어가는 바람뿐인, 그래서 너무나 적막해 그 고요함이 되레 생경스러워 부담스러운 이곳을 서둘러 빠져나왔다. 자연과 신과 홀로 대면하기에는 뭔가 어색한, 군중을 따라 살아야 하는 어쩔 수 없는 속인(俗人)의 자화상이다. 그렇게 유적 관람은 끝이 났다. 후텁지근한 날씨에 도시국가를 빠져나오면서 가장 먼저 한 일은 물을 마시는 일이었다.

태양과 달의 신화가 잠들어 있는 신들의 도시

그래, 유적을 본 소감은 어떠냐고? 대단했냐고? 정말 대단했다. 다른 건 또 없냐고? 솔직히 힘들었다. 하지만 이 말은 꼭 해 주고 싶다. 테오티우아칸에 온다면 높이 오를수록 더 깊이 볼 수 있다고. 땀 흘린 만큼 더 감탄하게 될 거라고. 그리고 모자와 물은 꼭 챙기라고. 준비 없이 왔다 태양신 노하기라도 하는 날엔 대책 없단다. ☜

2000년 묵은 뚜레 나무

인디오 의상인 우이필huipil을 입은 여자들이 축 처진 발걸음으로 제 발에 딱 달라붙은 그림자를 끌며 물건을 판다. 대구광역시도 울고 갈 이 땡볕에 손님 하나 보고 오는 정성을 감안해 뻥튀기 과자 하나 구입했다. 주변 노천시장 띠앙기스Tiangis에서는 없는 물건 빼놓고 다 판다. 식료품과 민예품이 주를 이루지만 메즈칼이라고 하는 벌레를 넣어 만든 술도 여행자들 사이에선 인기가 많다. 한 번 맛만 보라는 제스처에 웃으며 거절했다. 대신 아이스크림을 사서 타는 목마름을 달래본다. 오아하까Oaxaca에서 자전거로 30여 분도 채 가지 않은 곳에 위치한 산타마리아Santa Maria는 여느 멕시코의 작은 마을과 다를 바 없다. 하지만 그냥 지나쳐서는 안 되는 곳이다.

뚜레 나무Arbol del Ture. 이 무명 마을을 먹여 살리는 유일한 관광자원이다.

"보여요?", "아니요." "오른쪽에 코끼리가 있습니다."

고작 나무 하나가 어떻게 마을을 먹여 살릴까? 그러나 이 위대한 나무 한 그루 보기 위해서 발걸음을 옮기는 여행자들의 행렬이 끊이지 않는다. 더구나 오아하까를 자전거로 지나는 여행자라면 이 길 위에 뚜레 마을을 모른 척 지나치는 것은 그야말로 배고픈 식탁에서 점잔 차리는 것과 다를 바 없다. 공식 인정된 바는 전혀 없지만 현지인들에 말에 의하면 세계에서 가장 크고 오래된 나무다. 100m가 넘는 나무가 하늘을 가리는 캘리포니아 레드우드 공원의 장관을 알고 있는 나로선 조용히 귀담아 들어줄 뿐이다.

1990년대 후반, 수령 2000년이라고 밝혀진 이 뚜레 나무는 결국 A.D.의 역사를 호흡한 장수 나무다. 건조지대 한가운데 세워져 있으면서도 높이는 무려 42m, 직경만 14m에 두께는 자그만치 50m로, 이는 어린아이 50명이 팔을 이어야 겨우 닿을 수 있단다. 무게는 어떻게 측정했는지는 모르겠지만 안내 설명

뚜레 나무

 에 의하면 무려 636톤 하고도 107㎏을 더해야 한다. 이런 엄청난 몸집 때문에 옆에 성당이 귀여워 보일 정도였다.

이 나무 하나를 설명하기 위한 가이드만 수 명이 있어 여행자들을 호객하는 장면이 여간 재밌지 않다. 덩치만 큰 것으로 이슈를 끌기에는 분명 한계가 있다. 그래서 이 나무를 이제 예술적 의미로 승화시키려는 가이드들의 눈물겨운 노력에 한껏 포장된다. 나무의 뿌리와 줄기 등이 엮여 생성된 자리를 저마다의 시선으로 해석한다. 그것은 코끼리나 사자, 또 새나 개구리 등 주로 동물적인 의미부여가 그것이다. 이런 식으로 오랜 역사로 다듬어진 역동성을 강조하며 나무가 가진 수동적 한계를 극복하는 것이다.

우리나라였으면 정이품을 넘어 지역 특산으로 홍보하기 위해 '명예 좌의정' 정도는 가뿐하게 수여받았을 이 뚜레 나무는 하지만 최근 몸살을 앓고 있다고 했다. 뿌리 깊은 곳에는 엄청난 물을 저장하고 있는데 이 물이 최근 바닥을 드러내고 있어 수분을 확보하지 못해 말라가고 있다는 것이다. 한 번 물을 줄 때마다 수백 가구가 쓰는 물의 양과 맞먹는 수분을 필요로 하기 때문에 가문 지역에서 관리하는 게 쉽지가 않다. 더구나 도시가 발전하면서 그로 인해 파생되는 수질오염으로 맑은 지하수가 점점 고갈되어 간다는 것도 문제다. 때문에 영양분도 제대로 공급을 받지 못해 영양제를 놓고, 급기야 죽은 가지를 잘라내는 수술까지도 감행했다고 한다.

다른 지역에 비해 특별히 어필할 거리가 없는 산타마리아 마을에서 뚜레 나무의 존재는 그래서 더욱 중대하다. 만약 이천 년을 넘게 살아온 나무가 잘못되기라도 하는 날엔 연쇄 파동의 피해가 우려된다. 여행자를 상대로 하는 주변 상가의 소득 저하는 물론 인근 도시 여행사들도 타격을 피할 수 없게 된다. 뿐만 아니다. 나무와 주변 정원을 전담 관리하는 사람들은 당장 일자리를 잃게 된다. 이것만으로도 뚜레 나무는 오래 살아야 할 당위성이 충분하다. 살아있는 그 자체로 원주민들에겐 그들의 문화이자 신앙이고 또 역사이기 때문이다.

넉넉히 백 명은 그늘에 들어가 낮잠을 잘 수 있을 정도로 정말정말 큰 나무. 사람들이 감탄하는 외양에 비해 보이지 않는 뿌리는 더 깊고 넓을 것이다. 또한 홀로 이렇게 장구한 삶을 살아온 뚜레 나무의 외로움은 다행히 그 존재를 알아주는 이들의 셔터 세례로 마음을 달랠 것이다. 늘 푸른 나무처럼 언제 어디서나 동일한 모습으로 기억되는 믿음을 주는 인생, 가지에 달린 무성한 잎처럼 열심히 땀 흘린 누군가에게 쉼을 제공할 수 있는 인생, 뿌리 깊은 나무처럼 어떤 환경에도 흔들림 없이 소신껏 살아갈 수 있는 인생, 뚜레 나무는 자신의 자리에서 나에게 많은 걸 보여주고 있었다. 🚲

지나치지 못한 사람들

토르띠야 시위를 알아?

사진기를 만지작거리던 나는 고개를 갸웃거렸다. 멕시코시티Mexico city의 대동맥이라고 할 수 있는 레포르마 거리Paseo de la Reforma에 정류장도 아닌 곳에서 버스 두 대가 멈춰서더니 인디오 복장을 한 농민들이 무리지어 내렸다. 그들은 짐 창고에서 이것저것 꺼내더니 조그만 삶의 터전을 벗어나 대도시에 온 게 낯설었던지 연신 주위를 둘러보았다. 멕시코시티 도심 한복판에 단체 나들이 온 듯 그들은 무질서하게 짐을 여기저기 펼쳐 놓고 자기네들끼리 왁자지껄 얘기하며 분주히 자리를 오고 갔다.

나는 슬쩍 그들을 향해 사진 한 장 찍고는 광장의 풍경을 담기 위해 도로를 건넜다. 맞은편에서 전에 없이 경찰들이 삼삼오오 모여 행사를 준비하는 자세로 얼을 지어 서 있었다. 표정엔 여유가 있었다. 다시 농민들 쪽을 보니 버스가 몇 대 더 정차하고 있었다. 조금 전보다 더 많은 농민들이 시골 영감 처음 가는 버스놀이처럼 우왕좌왕 산만한 집합체를 이루고 있었다.

"오늘 여기서 시위가 있을 예정입니다."

경찰은 농민들을 보고도 사태 파악을 못해 어리둥절한 나에게 말을 해왔다. 다시 보니 경찰들은 만일의 사태에 대비해 전열을 정비하고 있었다. 도대체 무슨 시위길래 수백 명의 농민들이 이곳으로 모여든 걸까? 궁금증이 들고

Centro de
Envios Express
76
ECCIÓN
amiento
ros MAIC
PAP-BARZON
MAÍZ Y FRIJOL

O DE ADMI
OMERCIO E
MAÍZ Y DEL

 얼마 지나지 않아 난 기겁하지 않을 수 없었다. 불과 수십 분만에 농민의 수는 백 단위를 넘어 천 단위, 그리고 만 단위까지 감수 분열하듯 기하급수적으로 늘어가고 있었다. 잠깐 몇 장의 사진을 찍고 사색을 즐기는 동안 도로변에는 이제 수십 대의 버스가 주차되어 있었고, 소들을 실은 트럭에 트랙터까지 동원되었다.

"우리에게 옥수수식량 보호가 아니면 죽음을 달라!"

전국 각지에서 버스를 대절해 멕시코시티 레포르마 거리로 속속 운집한 수만의 숫자는 장엄한 분위기를 연출했다. 허나 농민들의 표정은 마치 소풍을 나온 듯했다. 한 사람씩 보면 빈민층 농부들이고, 무리지어 보면 투사가 된다. 그들은 미리 준비해 온 노래와 구호와 피켓과 애드벌룬과 비폭력 행진으로 생존과 직결된 자신들의 주장을 전파해나갔다.

토르띠야 가격이 상승했단다. 멕시코 전역에서 흔히 먹는 타코 등의 주식에는 반드시 손바닥만한 옥수수 피인 토르띠야가 들어간다. 최근엔 밀로도 만든다곤 하지만 밥은 쌀밥이어야 하는 것처럼 여기도 토르띠야는 옥수수여야 한다. 그들의 피이자 민족적 유산인 셈이다. 이 토르띠야는 원래 시장경제와 상관없이 서민들을 위해 정부에서 강제적으로 가격을 규정한 식품이다. 그렇지 않으면 식량위기로 인해 멕시코 서민경제는 큰 타격을 입기 때문이다.

중남미에서 비교적 경제가 발전한 편인 멕시코라 해도 한 달에 200불조차 벌지 못한 빈곤층이 수백만 가구다. 게다가 적잖은 가정에서는 특별한 전문

토르티야 시위에 참석한 농민들과 질서를 위해 대열을 갖춘 경찰들

 지식이나 기술이 없는 여성이 생계를 꾸려나간다. 결국 들어오는 수입은 불 보듯 뻔한데 이들이 겨우 입에 풀칠하는 토르띠야 가격의 상승은 그들을 더욱 가난의 굴레에 속박시키는 주범이 된다. 이 콘크리트 같은 가격이 아무런 예고 없이 급격히 인상되어 버린 것이다.

가난한 계층은 제 목소리 한 번 내보지 못하고 혼란에 휩싸이게 되었다. 급기야 토르띠야로 촉발된 문제는 다른 사안으로까지 전이돼 그들의 잠재되었던 불만이 한꺼번에 터져 나왔다. 노동자, 농민, 그리고 그들의 편에서 소리를 내주는 젊은 학생과 시민 단체들이 모두 어우러져 정부를 향해 서민들이 안정적으로 살 수 있는 정책 시스템을 구축할 것을 종용하는 것이다.

하지만 과연 멕시코 정부가 이 거대한 함성에 겸손히 귀를 기울일지는 의문이다. 바로 북미자유무역협정NAFTA이 체결되어 이제 그 타격이 바로 최하계급층이라 할 수 있는 공급계층의 소작농민들과 그들을 의지하는 수요계층의 서민들에게 가해질 것이 분명하기 때문이다. 그들의 농업 생산력은 국경선을 이루는 리오그란데 강 이남으로 밀고 들어올 대량의 미국 농작물에 비해 애초 가격경쟁이 되지 않는다.

가격 수지가 맞지 않고, 일자리를 잃고, 이는 각종 생계형 범죄부터 폭동으로까지 악화될 가능성이 많은데 이는 이미 소말리아, 방글라데시, 수단, 북한, 아이티 등 세계 곳곳의 식량위기로 인한 심각한 정치문제로 비화된 전례에서 어렵지 않게 유추해 볼 수 있다. 더욱이 이 식량문제를 해소하기 위해 여전히 안전성이 논란 중인 유전자 변형 식품에까지 손을 대게 되니 가난한 자들은 비싼 대가를 지불하고 질 좋은 천연자원을 선택하는 상류층 부류의 식품환경과 상당한 수준 차이가 날 수밖에 없다.

그런데도 멕시코 정부는 국민 전체의 복지를 위해 부자와 빈자의 간극을 좁히기보다는, 북미자유무역협정으로 이익을 보게 될 일부 산업들에 손을 쓰고 있는 부자 편에 서서 정책을 추진해 나가니 힘없고 가난한 일반 서민들로선 답답한 노릇이다.

생존과 직결된 당연한 보호권리를 내세우는 안타까운 멕시코 농민 시위를 보니 어딘지 모르게 익숙한 풍경이다. 누구를 위한 정부인지 생각해 본다면 상식적인 정책이 나올 것이다. 모든 게 뒤섞여 버려 고유한 전통과 민족혼이 사라지고 승자독식의 폐허만이 남아버린 세계화는 과연 누구를 위한 것일까? 아직 세계화에 뛰어들 준비조차 안 되어 있는 나라를 최소한의 보호장치도 없이 살벌한 약육강식의 세계로 내모는 것이 온당한 일일까? 이것이 모두를 행복하게 해 주는 풍요를 안겨줄까?

절대강자의 입김 속에 돌아가는 농업체계에 이제 식량은 무기화 되고, 약자는 노예화 되어 간다. 이전에는 내 쌀 백 가마와 당신의 자동차 한 대를 바꾸는 필요에 의한 거래가 이루어졌지만 이제는 인류에게 그 어느 것보다 중요한 식량이 부족해지면서 쌀 한 가마는 살인적인 공격 수단으로 개도국 하층민과 빈민국들을 압박할 것이다. 그리고 국제사회에선 전쟁보다 티가 안

10만 명 가까이 참가하는 토르티야 시위는 시위를 넘어 하나의 전통적인 퍼포먼스로 자리매김하고 있다.

나는 영리한 방법으로 식량 식민지화가 가속될 것이다. 자유경쟁체제의 합리성은 지금으로선 빛 좋은 개살구일 뿐이다. 그 뒤에 야만적인 어두운 그림자가 지배하는 처절한 식량 무기화와 잠재적인 식민지화가 두려울 뿐이다. 21세기 최고의 자원은 에너지도, 지식도 아닌 식량이라 감히 단언해 본다.

시위지만 역시나 라틴의 피는 속일 수 없었다. 시위대는 행진 중간중간 농한기 축제마냥 웃고, 떠들고, 술 한 대접씩 돌리며 돈독한 유대관계를 과시했다. 서민 정책을 지지하기 위해 합석한 대학생으로 보이는 젊은 친구들은 음악을 크게 틀어 놓고 신나게 춤을 추기도 했다. 각 지방에서 저마다 독특한 개성을 담은 캐치프레이즈를 들고 행렬하는 수백 개의 깃발을 따라간 지 두 시

간쯤, 시위대는 저녁 집회를 위해 옮기던 발길을 멈추었다. 선발대가 소깔로 광장에 닿은 듯했다. 행진은 평화롭게 마무리되었다. 하지만 이제부터가 정부와의 그리고 북미자유무역협정으로 반사이익을 누리는 다국적 기업과의 힘겨운 전쟁이 될지 모를 일이다.

'시장개방이 과연 앞서 나가는 개혁이자 세계화일까? 약자에게는 공평한 기회의 배분이 애초에 차단되어 있는 신자유주의가 인류의 미래에 희망을 던져 줄까? 그런데 우리나라가 체결한 FTA 협정이 멕시코와 동일한 상황에 놓이지 않으리라는 보장은 없는 걸까?'

나는 여전히 의문을 떨치지 못한 채 저녁 약속이 있는 인근 커피숍으로 자리를 옮겼다. 멕시코 여행을 하면서 허름한 식당에서 즐겨 먹던 타코 가격이

비싸다고 투덜대던 기억에 미안한 마음이 들었다. 내가 지금 마시는 커피 한 잔보다도 못한 가격인데 말이다. 그것이 그들의 마지막 생명의 보루인데 말이다. 후발대 시위대가 소깔로 광장 저 멀리 사라지고 그들의 함성이 남기고 간 자리에는 얼마간 고요함이 대신 가득 메우고 있었다. 🚲

● ● ●

어느 가난한 날의 일기

멕시코 남부의 중심도시 오아하까에서 조금 더 들어간 길. 한눈에 보기에도 허름한 집들로 더덕더덕 붙어 있는 작은 마을에서 예배가 열린단다. 하지만 골목을 돌고, 씀벅거리며 고개를 돌려도 교회가 보이지 않았다. 표지판 하나 있을 리 없는 허름한 골목을 돌고 돌아 어느 작은 집 대문에 이르러서야 비로소 아주 초라한 예배당을 발견할 수 있었다. 미자립 교회로 가정에서 드리는 예배였다.

시간이 조금 남았다. 아이들은 낯선 이에게 호기심을 보이면서도 쉽게 다가오질 못했다. 멀리서만 수줍게 웃어 보이다 도망가기를 수차례. 친해지고 싶어도 제 먼저 달아나는 통에 선뜻 살갑게 대할 수도 없었다. 내가 가는 길마다 뒤쫓아 오면서도 막상 뒤돌아보면 숨어 버리는 녀석들이다.

"과자 먹으러 안 갈래?"

장난기 어린 눈망울에 담긴 아이의 미소.
고단한 빈민가 아이의 삶에 대해 누구의
책임을 묻기 전에 한 번 더 그들을 안아줄
수 있는 정책과 관심의 필요함을 느낀다.

이 한 마디는 마법과 같은 것이었다. 여기저기 은폐엄폐 하던 개구쟁이 녀석들이 일제히 몰려 나왔다. 손을 내밀었다. 덥썩 잡는다. 꽈악. 폴짝폴짝, 가게까지 가는 길에 아이들 걸음에 생기가 돈다. 그런데 막상 슈퍼에 들어가서는 머뭇거린다.

"괜찮아, 아무거나 골라."

웃으며 얘기하자 철없는 막둥이 녀석이 잽싸게 과자 하나를 집어 들더니 하나 더 집어도 되냐는 무언의 표정으로 내 눈치를 본다. 바닐라 맛과 초콜릿 맛 어느 것 하나 놓치기 싫은 폼이다. 누나가 얼른 어깨를 잡고 말리는 시늉을 하자 아이는 어깨를 털며 내게서 나오는 보다 정확하고 현명한 답을 기다린다.

"괜찮다니깐. 하나 더 골라도 돼. 먹고 싶은 거 있음 다 골라 봐."

아이는 신이 났다. 초라한 가게라 먼지 수북 쌓인 몇 개의 과자뿐이지만 가

속 액셀레이터를 밟은 스포츠카 마냥 진열대의 과자를 재빨리 모두 눈으로 훑는다. 그리고는 제법 묵직한 과자를 조막만한 손에 쥔다. 누가 뺏을까 다 들어가지도 않는 주머니 속에 억지로 담는 녀석도 있다. 요리조리 요령을 피워 보지만 주머니 밖으로 과자가 반은 나와 있다. 그럼 다시 낡은 티셔츠를 과자 위로 덮어 제 딴엔 표시가 안 나도록 노력한다.

다른 아이들도 순례행렬(?)을 마치고 이제 나를 친구로 맞아들이기로 작정했다는 듯 깔깔거린다. 조금이라도 나이가 든 녀석들은 괜찮다며 눈치껏 하나만 집는다. 막내들은 이성보다 본능이 우선이다. 예닐곱 살 먹은 녀석들은 욕심을 차릴 때가 가장 아이답다. 그때가 귀엽다.

예배가 시작될 즈음, 자리를 채운 사람은 고작 열 명 남짓 정도다. 그나마 아이들까지 합해서다. 하지만 여느 예배 못지않게 이들은 신에 대한 절절한 믿음을 고백한다. 달랑 기타 한 대로 진행되는 작은 모임이지만 무엇보다 교회의 크기나 예배 시스템 등 신앙의 본질을 벗어난 형식적 프로그램이 아닌 자발적 모임으로 이뤄진 순수함이 좋았다. 같이 기도하고, 같이 노래 부르면서 간만에 밀려오는 평안에 감사했다.

예배 후에는 다른 가정집을 방문했다. 사고로 다리를 다쳐 위로가 필요한 곳이었다. 언덕길을 따라 조금 올라가자 듬성듬성 판자촌 다름 아닌 마을이 나왔다. 집의 구조는 처참했다. 일단 지붕이 없었다. 다행히 추위가 엄습하지 않는 지역이긴 하지만 비라도 오는 날엔 어떻게 하는 건지 생각만으로도 우

땔감을 실어 나르는 어느 모녀의 고단한 늦은 오후.

울한 피로가 몰려온다. 집은 3평이나 될까 하는 좁은 방 하나에 모든 세간들이 다 놓여 있었다. 방 한켠엔 다 낡아 떨어진 침대가, 그리고 부엌도 없이 모든 주방용품이 침대 맞은편에 나뒹굴고 있었고, 옷이라고 해 봐야 폐품 수준의 몇 벌만이 구석에 처박혀 있었다. 최악의 위생 상태에 노출된 것이다.

오랫동안 씻지 않아 보이는 아이들은 집에 손님이 방문했다고 좋아한다. 아이 엄마는 누워 있는 남편을 뒤로 하고 손님에게 뭐라도 대접하려고 한다. 교회에서 지원을 해 주기는 하지만 교회 사정도 열악하기는 매한가지라 서로가 위로하며 험한 삶을 버텨 나간다. 이들은 동이 트면 길가로 나가 재활용품 수거 등으로 근근이 생계를 이어간다. 어쩌다 우유라도 마시는 날엔 아이들 표정이 행복하기만 하다.

몇백만 원이 없어 집 한 채를 온전히 짓지 못하고 돼지우리와 다를 바 없는 판잣집에서 살아가는 이들의 가난은 누구의 책임일까. 무조건 이들의 무능력만을 탓해야 할까. 지지직거리지만 그나마 드라마라도 볼 수 있는 TV가 있는 것이 이들의 유일한 위안거리다. 물론 전기는 조잡한 전선을 엮어다 불법으로 끌어다 쓰고 있지만 전기, 수도 시설도 갖추지 못한 곳에 이것까지 통제하기에는 너무 가혹한 처사 같다.

밤늦은 시각, 벌레 우는 소리와 휘영청 밝은 달이 마치 내 어릴 적 시골 같아 낯설지 않은 마을을 빠져나오면서 나는 무엇보다 아이들의 미래를 생각해 본다. 교육조차 제대로 받지 못하고 일터로 내몰리는 아이들이 아주 작은 희

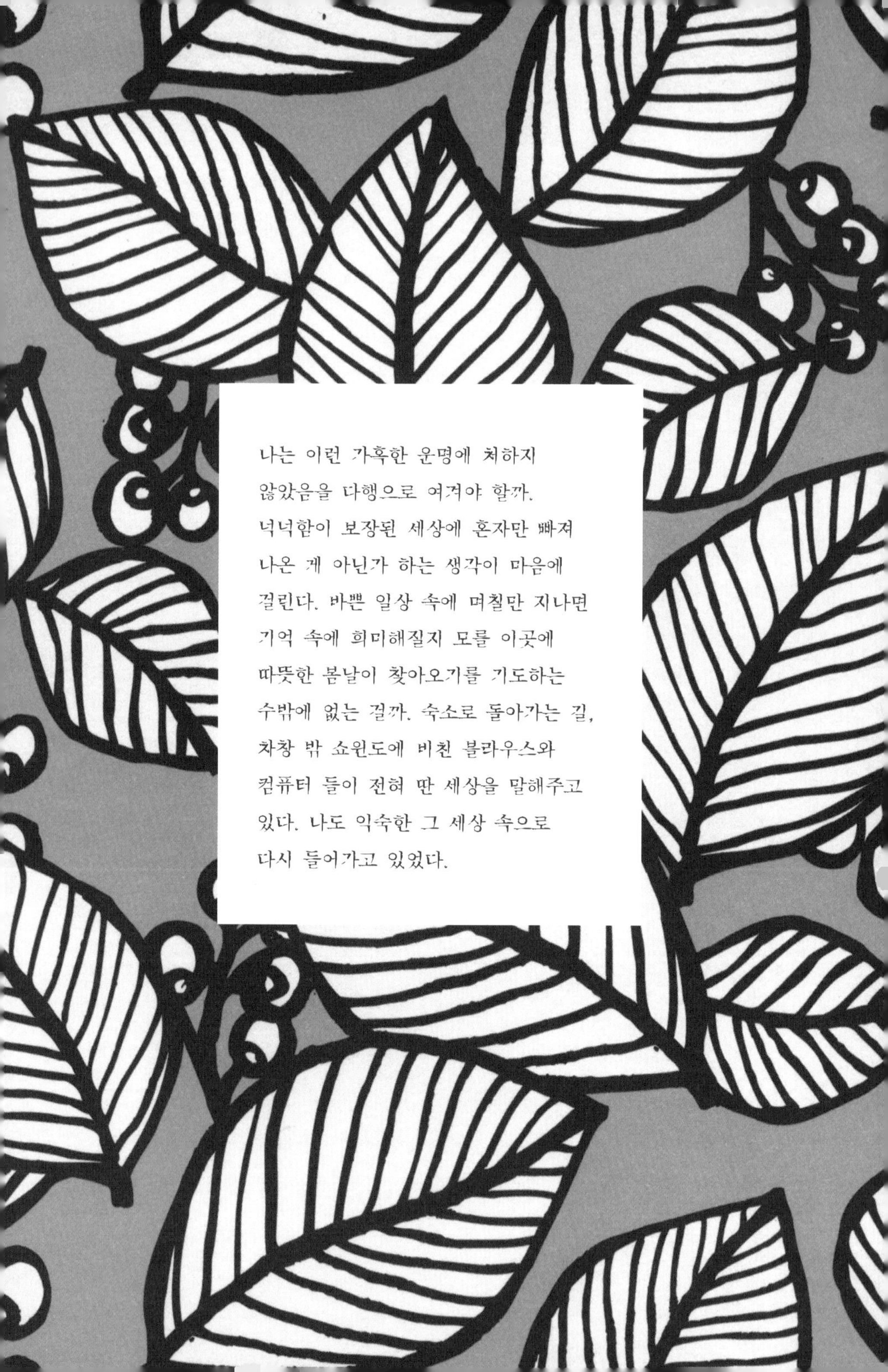

나는 이런 가혹한 운명에 처하지
않았음을 다행으로 여겨야 할까.
넉넉함이 보장된 세상에 혼자만 빠져
나온 게 아닌가 하는 생각이 마음에
걸린다. 바쁜 일상 속에 며칠만 지나면
기억 속에 희미해질지 모를 이곳에
따뜻한 봄날이 찾아오기를 기도하는
수밖에 없는 걸까. 숙소로 돌아가는 길,
차창 밖 쇼윈도에 비친 블라우스와
컴퓨터 들이 전혀 딴 세상을 말해주고
있다. 나도 익숙한 그 세상 속으로
다시 들어가고 있었다.

망이라도 볼 수 있다면 얼마나 좋을까. 교육을 받지 못하니 사회적 약자로 남아 어느 외진 곳에 그들만의 무리를 이뤄 모든 것으로부터 도태되고 다시 교육을 못 받는 악순환이 되풀이 된다. 정녕 부모의 억센 운명을 온몸으로 다 받아내야 하는 이 조그만 아이들을 구원할 제도적 시스템은 전무한 건지 안타까운 일이다. 🚲

늘 이런 여행이면 좋겠다

들키지 않고 나만 추억하고 싶은 딱스코

저녁이 되자 건물의 불빛과 하늘의 별들이 동시에 불을 밝히고 있었다. 마지막 해넘이가 흘리고 간 붉은 노을이 산동네를 감싸 안을 때 느껴지는 환상이란 말로 표현 못할 감동이다. '신은 보르다에게 부(富)를 주고, 보르다는 신에게 이것을 바친다!' 라는 명언을 남기고 화려하게 건축된 딱스코Taxco의 심장 산타 프리스카 교회La Iglesia de Santa Prisca가 붉은 노을과 입 맞추는 장면은 사진으로 담아두고 복사할 수는 있어도 결코 감동까지 카피할 수는 없을 것이다. 너무 황홀한 장면이라 잠시 눈이 거시시해질 정도로 두고두고 아껴가며 보고 싶은 기억에 남을 만한 순간이었다.

나는 마치 숨겨진 보물상자를 찾은 듯 좀체 흥분이 가라앉지 않았다. 여기저기 광고를 통해 여행자를 낚는 희떠운 관광지 사이에서 소리없이 고운 속살을 숨겨 놓고 지나가는 이에게만 수줍게 보여주는 새침함이 인상적이다. 딱스코에서 서성거리다가 왠지 나는 혼자만 알고 싶고, 혼자만 기억하고 싶은 욕심에 이 보물을 더욱 깊숙한 곳으로 묻고 싶었다. 아무에게도 들키지 말고 오래도록 내 기억에서만 아름답게 기억되도록.

어제의 놓쳐버린 아쉬움과 내일에 잡힐 듯한 꿈 사이의 막연한 오늘이지만 오늘이 오늘로서 행복한 이유는 지금 이 순간을 선택할 수 있는 기회이기 때

열을 지어 서 있는 '하얀 집(카사블랑카)'이 인상적인 딱스코의 거리

문이리라. 갈림길에서 산과 바다의 기회를 두고 딱스코를 선택한 것에 대해 뿌듯했다. 덕분에 젊은 날의 고뇌와 정체성에 대한 혼란, 그리고 미래에 대한 불안한 우울을 잠시 동안 가슴속에 묻어둘 수 있었다.

도리 없는 외로움, 모진 그리움의 멍에를 메고 달려가는 자전거 여행자의 뒷모습이 초라해 보일 때 한 번쯤 작은 변화를 줘야 한다. 그 변화는 도전으로부터 시작된다. 그 순서가 뒤바뀔 경우는 결코 없다. 도전은 투쟁이 아닌 포용이다. 모든 것을 포용하는 순간 모든 것을 이길 수 있다. 언덕고개가 높다고 댕돌같이 씩씩대지 말고, 흘러가는 구름따라 바람이 스치는 나무를 지나 새소리를 귀담으며 걷는다면 언젠가 마음속으로 그리던 파라다이스가 자신도 모르게 눈앞에 펼쳐질 것이다.

그렇게 내 발걸음이 찾아간 곳에서 한아름 가득 행복을 얻고 나오는 길만

ENTRADA
RESTAURANTE

큼 진정 여행이 즐거울 때가 없다. 여행은 바로 이런 맛으로 가는 게 아닌가. 그리고 또다시 설렘이 시작된다. 마치 사랑을 기다리는 것처럼, 야구경기가 시작되기 전처럼. 오늘, 딱스코 여행의 9회말이 끝났지만 내일은 아카풀코 여행의 1회초가 시작된다. 그렇게 마음껏 기대감을 가지고 다시 무거운 바퀴를 굴려 본다. 🚲

아카풀코 해변의 무모한 여유(?)

마사뜰란, 푸에르토 바야르타와 함께 멕시코에서 태평양의 3대 리조트로 꼽히는 아카풀코Acapulco. 2월이라는 시기가 무색하게 쏟아지는 더위는 바다에 풍덩 빠지라며 파도를 통해 유혹해 온다. '나 맥주병이거든?' 간단히 대꾸하고 해변이나 걸을 요량으로 무심코 모래사장에 발을 내딛었다.

태평양 연안 3대 휴양지 중의 한 곳인 아카풀코 해변엔 은퇴한 노인들이 많이 찾는다.

'앗, 뜨거뜨거 앗, 뜨거뜨거!'

자전거를 도로에 잠시 세워두고 모래를 밟는데 그 열이 초고속 광랜으로 머리끝까지 전달된다. 호들갑 떠는 나에게 시선이 일제히 쏟아진다. 다들 미국에서 한가로운 휴가를 즐기러 온 노인들이다.

"이봐, 자전거 자네건가? 여기 함부로 세워두면 위험하네. 도난당할지 몰라."

생각해 보니 그랬다. 자전거와 파도까지의 거리는 30m고 중간에는 모래가 있었다. 대놓고 훔쳐 가기라도 하면 따라잡을 수도 없는 노릇이다. 다들 염려해 주는 통에 파도 근처에도 가보지 못했다. 대신 중간에 위치한 파라솔에서 쉬다 다시 자전거를 세워둔 도로 쪽으로 가야만 했다. 하지만 뜨거운 모래밭에 발바닥 화상 입을라.

"스승님, 어찌하여 물에 빠지지 않고 걸어갈 수 있사옵니까?"

"왼발이 물에 닿는 순간 오른발을 내딛으면 되느니라."

참으로 명쾌한 지혜로다. 왼발이 물에 닿는 순간 얼른 몸의 중심을 오른발로 이동시키고 또 오른발이 물에 닿을라치면 얼른 왼발을 옮겨 걸을 수 있다는 이 긍정적 마음가짐. 물이나 뜨거운 모래나 다를 바가 없다. 중요한 건 마음가짐! 그렇다면 나도 도전해 보자.

'자, 지금부터 여기 뜨거운 모래밭을 맨발로 깃털처럼 날아가는 신통방통 쇼에 여러분을 초대합니다.' 최면을 걸면 마늘도 달다는데 심각한 표정으로

 마인드 컨트롤부터 했다.

'안 뜨겁다, 안 뜨거울 걸, 안 뜨거울까, 안 뜨겁겠지, 안 뜨거웠으면, 안 뜨겁다고 믿어, 안 뜨겁……아잉, 몰라. ……뜨악!'

"앗 뜨거! 엄마야!"

샌들 하나만 있어도 되는데. 낭패도 이런 낭패가 없다. 나는 왜 천둥벌거숭이처럼 뜨거운 태양 아래 맨발로 모래밭을 헤매며 주책없이 날뛰는지 심각하게 자문해 보지 않을 수 없었다. 내 모습은 의심할 여지없이 한 마리 목도리도마뱀 그것이었다. 뒤에서 저것 좀 보라며 배를 잡고 웃는 소리가 들린다. 어색함을 무마시키기 위해 멋쩍게 손 한 번 흔들어 줬다. 곧바로 몇 명의 노인들이 답례로 손을 흔들어 줬다. 나른한 대낮의 해변, 작은 에피소드에 대한 감사의 표시로 보인다.

얼굴이 화끈거려 더 이상 그곳에 머무를 수가 없었다. 얼음과자 하나 입에 물고는 바로 옆 백사장으로 걸음을 옮겼다. 옆 해변에는 한곳에 집중적으로 사람들이 모여 있었다. 무슨 일일까 궁금했지만 자전거를 놓고 해변으로 들어갈 수는 없었다. 그때 한 남자가 나에게 다가왔다.

"걱정 말고 다녀오슈. 내가 자전거 잘 보고 있을테니."

맨발의 남자, 옷은 때로 가득하고, 누런 이를 드러내는 몰골은 오래전부터 영양실조에 시달린 듯하며, 내가 가장 싫어하는 술 냄새까지 폴폴 풍기는 그의 눈은 결정적으로 맥이 풀려 있었다. 그를 신뢰할 수 없었다. 하지만 호기심은 억누를 수 없었다.

"고마워요. 근데 손대면 안 됩니다."

남자는 문제없다고만 한다. 그리고는 배시시 웃는다. 나는 카메라만 챙겨 들고 해변으로 급히 달려갔다. 물론 신발을 신은 상태다. 까칠까칠한 모래가 신발로 들어가는 게 영 마뜩찮지만 뜨거운 열기에 맨발로 고생하는 것보단 낫다. 뒤를 돌아보니 남자가 문제없다며 오케이 사인을 보낸다.

'대관절 무슨 일로 사람들이 이리 모여든 걸까?'

호기심에 가까이 다가가 보니 다름 아닌 수많은 펠리컨들이 해변에 몰려 있었다. 사람들을 전혀 경계하지 않고 함께 어우러져 있는 게 아마도 오랜 시간 동안 인간들이 자신들에게 피해를 주지 않았다는 사실을 체득한 듯 보였다. 주위에는 수영하다 말고 이 광경을 보러 몰려든 사람들로 장사진을 이루었다.

잠시 후, 어부로 보이는 남자 몇 명이 뭍으로 그물을 끌어당기자 주변에 있던 사람들까지 합심해서 도와주기 시작했다. 덕분에 수월하게 끌린 그물에는 살이 통통 오른 물고기들이 제법 많이 걸려들었다. 이것이다! 펠리컨들이 몰려든 이유. 행여 콩고물 떨어지지 않을까 녀석들은 부지런히 주위를 맴돌았다.

그때 맘씨 착한 어부가 고기 한 마리 던져 주니 한 녀석이 바로 입으로 꿀꺽. 고기 수확이 풍족했는지 연이어 몇 마리 더 던져주니 서로 먹이를 먹으려고 난리다. 과연 일장풍파(一場風波)가 따로 없다. 어떤 녀석들은 아예 사람들

옆에 붙어 세월아 네월아 먹이만 기다리기도 한다.

만화나 광고에서 보던 부리 아래로 늘어진 피부가 인상적인 펠리컨을 가까이서 이렇게나 많이 보는 건 처음이다. 희극적으로 묘사된 펠리컨을 실제로 보는 게 신기해 가까이 다가가 연신 셔터를 눌러댔다. 생각보다 녀석들 덩치가 꽤 된다. 나는 사람들 속을 헤집고 들어가 피사체의 역동적인 움직임을, 열정은 내셔널 지오그래픽 기자, 실력은 일회용카메라 수준으로 담아내고 있었다.

'아차! 내 정신줄!'

사람들 틈에서 정신없이 구경하고 나니 별안간 자전거 생각이 났다. 황급해진 난 순간 뒤로 돌아 맹렬히 달리기 시작했다. 숨이 컥컥 막힐 정도로 뛰었다. 달려오는 내내 절박한 기도가 울려 퍼졌다. 고양이에게 생선을 맡긴 꼴이었다. 울상이 된 얼굴로 돌아왔는데 천만다행으로 자전거와 그 남자 모두 제자리에 있었다. 십년감수했다. 그대여, 어쩌자고 그런 무모한 짓을 했는가.

남자는 천진하게 웃으며 '네 자전거를 봐라, 무사하다' 란 표정으로 손으로 자전거를 가리켰다. 검사해 보니 자전거와 짐 모두 이상 없었다. 그를 보자니 자신이 이렇게 지켜줘서 덕분에 당신이 펠리컨 구경을 잘한 거 아니냐며 공로를 인정해 달라는 분위기였다. 이건 십중팔구 돈을 요구하는 것이다. 고마움에 대한 답례로 사례를 하리라 마음먹었지만 하도 동양인을 떠보는 흉흉한 사기에 여러 번 당한 터라 남자의 입에서 어떤 단위가 튀어나올지 몰랐다.

"이보게 젊은 친구, 나도 나름 여기서 자전거 지키느라 고생 좀 했는데. 용

 돈 좀 주면 안 될까?”

“얼마요?”

“음…….”

남자는 제법 고민하는 척하면서 회심의 미소를 지었다. 그의 눈을 보는 순간 긴장했다. 잘못 걸려든 걸까? 그가 잠깐의 정적을 깨고 입을 열었다.

“글쎄, 그래도 한 2페소(한화 260원)는 주셔야지.”

‘2페소? 겨우 2페소라니! 정말인가? 오, 믿을 수가 없군.’

나는 속으로 지화자를 외치면서 애써 태연한 척 대꾸했다.

“제 자전거 봐 주느라 고생했어요. 당신 참 좋은 사람이로군요.”

마침 주머니엔 5페소짜리 동전 하나가 남아 있었다. 세상의 모든 자비를 끌어 모은 중후한 표정으로 동전을 쥐어줬다. 마지막에 어깨를 두드려 주고 엄지손가락을 치켜 세워 주는 액션서비스도 잊지 않았다. 남자는 희희낙락하며 얼굴이 활짝 펴졌다.

“당신, 어느 나라 사람이오?”

“저요? 한국이요.”

“꼬레아노! 정말 좋은 사람들이죠. 암튼 고맙수다.”

한국 사람은 한 번도 만나보지 않았을 성싶은 남자는 동전 한 닢 움켜쥐고는 만선의 꿈을 이룬 어부처럼 가벼운 발걸음으로 어디론가 사라졌다. 긴장이 확 풀어진 난 길가 돌의자에 털썩 앉아 마음을 추슬렀다. 낯선 남자에게 자전거를 맡기는 건 다시 생각해도 정말 어리석은 행동이었다. 지금은 다만 천운이 따랐을 뿐이다.

어느 정도 마음이 진정되자 신발에 양말까지 벗어 모래를 털어내며 생각해본다. 경치 끝내주는 태평양 연안의 3대 휴양도시라더니 나는 뭔가? 자전거 내팽겨쳐 두고 분위기 있게 해변을 걸을까 했는데 난 맨발일 뿐이고, 비키니 입은 미녀를 살짝 그려 보았지만 여긴 죄다 노인들일 뿐이고, 아카풀코 해변의 즐거움은 그저 펠리컨 보는 건데 난 닭튀김이 생각날 뿐이고.

여행은 때론 가혹한 떡밥으로 여행자의 가슴을 흔든다. 그리고 영혼을 홀린다. 한 장의 사진, 한 편의 여행기에 여행을 그리는 모든 이들은 홀라당 맘을 뺏긴다. 그래서 마치 불나방처럼 달려든다. 대책없다. 그러면서 모두 꿈꾼다. 내 인생은 남들과는 달라 나방이 아닌 분명 나비일 거라며.

여행을 결심한 순간 세상은 이미 꽃밭이 되어 있다. 여행자는 나비가 되는 마법에 걸려든다. 바로 자신의 상상 속에서. 낯선 그리움이 가져다 주는 여행 바이러스는 활력과 무력을 위태롭게 오가며 여행자들을 유혹한다. 비타민 한 알 먹고 상쾌한 기분이 되든지, 마약 한 알 먹고 끝없이 현실을 도피하든지, 그 선택은 여행자 자신의 몫이다. 🚲

행복합니다

오지의 한국인

'이를 어쩐다…….'

무거운 한숨이 튀어나왔다. 원래 계획은 오아하까 주에서 제법 규모가 큰 도시인 할라파Jalapa까지 가는 것이었다. 하지만 산을 넘는 바람에 그만 길 위에서 또다시 일몰을 맞고 있었다. 사위가 어둑해질수록 선택의 여지는 줄어든다. 그렇다고 이대로 멈출 수도 없는 노릇.

산악지역만큼 지도의 직선거리를 왜곡시키는 곳이 없다. 지형을 고려해 코스 일정을 짜 보아도 도로의 경사와 굴곡, 그리고 날씨 등의 변수가 내 판단의 그릇을 거칠게 쏘아붙인다. 겁 없이 뛰어든 초행자에 대한 대자연의 텃세인지 모른다.

가뜩이나 산길이라 조심스러운데 시야까지 어두워지니 슬슬 긴장감이 감돌기 시작했다. 쌀쌀한 바람이 뺨을 스치지만 추위를 느끼는 것도 사치다. 나는 더 빠른 속도로 바람에 맞섰다. 식사를 챙기지 못해 배가 고프고, 갈증이 났지만 모든 것은 도착하고 나서 누린다는 생각에 스스로를 채찍질했다. 단 1분 동안에도 해는 무섭게 떨어지고 있다.

해거름 무렵, 간신히 듬성듬성 보이는 몇 채의 집을 발견했다. 보통은 숙소를 찾을 때 사람들에게 길을 묻기도 하지만 어떨 땐 내 직관을 더 신용하기도

팔랑케 유적지 주변 정글

한다. 산길이라 한산하다 못해 어둠까지 깔리니 별안간 으스스한 기분이 들었다. 서둘러 잠자리를 찾아 나서야 했다. 그때 메인도로로부터 파생된 조그만 옆 샛길이 눈에 들어왔다.

'그냥 몇몇 집들이 있는데 여기서 묵을까, 아님 이 길을 따라 한번 들어가 볼까?'

마을 사람에게 물어보니 샛길을 쭉 따라가면 경찰서가 있단다. 마침 경찰차 한 대가 내 앞을 지나갔다. 경찰이라면 그래도 안전하겠다는 판단이 섰다. 2km만 더 가면 된다는 말에 믿겨야 본전이라는 생각으로 움직였다.

길 따라 쭉 들어간 나는 의외의 상황에 놓이자 어안이 벙벙해졌다. 워낙 외진 곳이고 밖에서도 전혀 보이지 않아 조그만 경찰서만 있는 줄 알았는데 상상을 뒤엎었다. 불빛이 가지런히 비치는 골목, 아이들이 깔깔거리며 뛰어노는 광장, 마을이었다. 이런 오지 산골에 비교적 계획성 있게 꾸며진 막달레나 떼끼시스뜰란Magdalena Tequisistlan이란 아담한 마을이 숨어 있던 것이었다. 마치 길을 잘못 든 엘리스가 숲을 지나자 이상한 나라에 도착한 장면 같았다.

예상치 못한 결과에 일단 광장 중심에 위치한 경찰서를 찾았다. 자초지종을 얘기하고는 마을에서 운영하는 공공기관의 비어 있는 너른 공간에 잠자리를 허락받았다. 방이 없는 1층 콘크리트 바닥이라 매트리스를 깔고 자야 하는 공간이었다. 추위를 피할 수 있는 하룻밤 잠자리에 감사하며 샤워를 하고 잠자리에 누워 잠들려는 순간. 밖에서 "헤이~ 치노!"하며 나를 부르는 소리가 들려왔다.

할머니와 손자였다. 그들은 나에 대한 호기심이 발동했는지 계단 위에 깔아 놓은 매트리스 옆에 걸터앉아 인사를 건네 왔다. 그리고는 낯선 방문자에게 연신 놀라움과 반가움이 섞인 표정으로 질문했다. 대화가 끝나고는 뭐라도 먹지 않겠냐며 권유하는 걸 공손히 거절하자 재차 물어본다. 그럼 콜라나 한 병 마시겠다고 할머니의 청을 고맙게 받아들였다.

고마운 마음에 추리닝 차림으로 밖으로 나왔다. 시원하게 콜라 한 잔 들이키는데 또 다른 한 녀석이 자꾸만 나를 주시한다. 요 녀석이 왜 그런가 싶어 물어보니 아주 당돌하면서도 정 많은 녀석이렷다. 아론Aron이라는 여덟 살아이가 무턱대고 나를 자기 집에 데려가고 싶단다. 왜냐고 물었다.

"형의 친구를 알고 있거든요."

"친구?"

"꼬레아노라면서요? 여기 꼬레아나 두 명이 살아요."

멕시코인들의 주식인 토르티야

녀석의 입에서 나온 소리는 전혀 뜻밖이었다. 아니, 산간지방 그 한적한 도로에서 다시 샛길을 따라 들어온 작은 마을에서 웬 한국인 타령인가? 아론 옆에서 그의 형 하렛Jalet마저도 고개를 끄덕이며 맞장구를 치는 통에 잠시 혼란스러움을 느꼈다.

"니들 생긴 게 비슷해서 착각들 하고 있나 본데, 중국인이겠지?"

"아뇨!"

"그럼 혹시 여행하는 일본인 아니니?"

"아니라니깐요! 여기에 우리랑 같이 사는 한국 여자들이라니깐요! 일단 우리 집 가서 얘기해요. 자, 얼른 가요."

아론의 태도엔 200%의 확신이 담겨 있었다. 녀석들을 따라가보니 집이 가게였다. 보무도 당당히 집에 들어선 아론은 형보다 더 의젓하게 나에 대해 녀석의 할머니와 어머니께 설명한다. 그리곤 어디서 배웠는지 깜찍한 센스로 마무리 한 마디 날린다.

"엄마, 이 형 자전거 여행 하느라 배고플 텐데 밥이랑 음료수 줘도 되지? 내가 챙겨 줄게."

그러더니 재빨리 걸음을 옮겨 냉장고에서 음료수를 꺼내고 손수 접시도 날라 준다. 도저히 여덟 살짜리 눈치라고는 보이지 않을 정도다. 식사를 하는 동안 녀석의 어머니로부터 한국인이 정말 이곳에 살고 있다는 확증을 받았다. 또 한 번 귀를 의심했다. 그녀는 어디론가 큰아들을 보내더니 잠시 후 나에게 잠자리를 정리해서 성당으로 가라고 일러 주었다. 오늘밤 내 처소는 거기가 될 것이고 나의 친구들이 바로 성당에 있단 얘기였다.

"수녀님으로 오셨어요. 온 지는 얼마 되지 않았지만 마을 사람들은 다 알고 있죠. 동네에서 유일한 이방인이기 때문이랍니다. 아마 신부님이 친절히 설명해 주실 거예요."

나는 여전히 반신반의 하며 짐을 챙겨 성당으로 향했다. 미리 연락받은 에르미니오Erminio 신부님이 환대해 주었다. 신부님과 인사를 한 후 거실로 들어선 나는 순간 하마터면 고함을 지를 뻔했다. 식탁 위에는 분명 한국이름으로 '맛동산' 이라고 포장된 과자가 놓여 있었다. 너무나 놀랍고 반가워 나는 단숨에 봉지를 매만지며 본토에 대한 그리움을 달래야 했다.

아아! 어떻게 이런 꼭꼭 숨은 남의 나라 오지 땅에 한국인이 살 수 있는 걸까. 말도 안 된다며 스스로 질문을 던져보았다. 이렇게 기가 막힌 인연의 끈이 이어진 것은 분명 하늘의 뜻임을 부인할 수 없었다. 낯선 상황에서 가슴이 뛰었다. 나는 내 얘기를 할 틈도 없이 먼저 수녀님들의 행방을 물었지만 신부님

안나 & 엘리자베스 수녀님

은 느긋하고 온화한 미소로 대답했다.

"한국에서 선교사로 파송 나온 수녀님들이죠. 한 분은 안나, 다른 한 분은 엘리자베스랍니다. 그런데 마침 오늘 출타 중이시군요. 사역활동 때문에 다른 도시에 가셨거든요. 그분들은 아마도 내일이나 어쩌면 모레쯤 돌아오실 겁니다. 괜찮다면 여기서 기다린 다음 만나 뵙는 게 어떨런지요?"

편한 이곳에서 천천히 기다릴까 생각도 했지만 이내 그분들이 차로 한 시간, 그러니까 자전거로 하루 거리에 있는 것을 확인하고는 그곳으로 달려가기로 했다. 다른 이유가 없었다. 다만 한국인이라는 걷잡을 수 없는 그리움과 반가움이 뒤섞인 감정 때문이리라. 신부님께서 적어 주신 주소를 받아들고는 내일 아침 일찍 출발하기로 했다. 그리고 콘크리트 바닥보다 백만 배는 좋은 푹신한 침대에서 눈을 감았다. 소풍 떠나기 전날 아이처럼 설레면서. 🚲

나를 감동시킨 한인 수녀님

"우리 인생 자체가 순례이지요."

수녀님은 나의 자전거 여행에 대한 얘기를 듣고는 묻지도 않은 질문에 현답을 내놓았다. 방법만 다를 뿐 어차피 모두가 구도자의 길을 가고 있는 게 아닌가. 수녀님을 만난 곳은 테우안테펙Tehuantepec에서 조금 떨어진 곳에 위치한 신학교였다. 날마다 이곳저곳 돌아다니며 봉사 및 교육을 하는데 오늘은 신학교에 일이 있었다. 이런 오지 중의 오지에서 한국인을 만난 것은 실로 대단한 우연(우연, 나는 이것을 하늘에서 이미 그렇게 되기로 정해진 시간을 미처 마음의 준비가 되지 않은 상태에서 맞닥뜨릴 때 나오는 감정이라고 본다)이었다.

두 분 중 꼼꼼하게 이것저것 챙기는 안나 수녀님은 멕시코에 온 지 벌써 20년 가까이 된 베테랑이고, 맡은 일을 살뜰히 해내는 엘리자베스 수녀님은 이제 하나하나 일을 배우는 신참이었다. 바쁘다고 얼굴에 쓰여 있을 정도로 분주한 분위기는 최선이란 이름의 또 다른 모습이었다. 수녀님은 낯선 청년의 방문을 환대하며 오자마자 신학교 구경을 간단히 시켜주고 나서 바로 일하는 곳으로 안내했다.

멕시코 남부, 남한만한 땅에 단 두 명밖에 없다는 가톨릭 선교사는 팔방미인이 되어야 했다. 현지인들과 의사소통을 하기 위한 언어습득은 가장 기초

수지침 봉사 활동 중인 엘리자베스 수녀님

가 되는 일이다. 함께 어우러져 누군가를 사랑하고 보살펴야 한다면 그들의 마음까지 헤아릴 정도의 수준이 요구된다.

그리고 강철 체력을 가져야 한다. 몸이 고단하고 아파도 더 상처받은 사람들을 생각하며 이겨내야 하고, 이쪽저쪽 필요에 의해 도움을 구하는 손길을 외면하지 않기 위해서는 부지런히 뛰어야 한다. '내가 아니면 누가 이 일을 감당하는가?' 라는 질문에서 빠져나가기 위해 핑계 댈만한 근거는 없다. 무엇보다 신앙인으로서 낮고 가난한 자들을 뜨겁게 사랑하고 진심으로 섬기는 것이 제 몸 하나 챙기기 어려운 세상에선 결코 쉽지 않은 일이다.

"처음 멕시코 땅을 내딛은 후 가장 시급했던 것은 바로 가난한 자들을 자립시키는 것이었지요. 무작정 도와준다고 이들의 삶이 근본적으로 변화하지는 않아요. 그래서 적극적으로 이들을 생산현장에 투입시켜 근로의욕을 고취시켜야 했죠."

노동자의 대부분은 문명의 혜택에서 소외된 산속에서 사는 인디오 빈민들이다. 별다른 희망도 없이 그저 하루하루 똑같은 일상을 살아가는 이들에게 먹을 것과 잠잘 곳과 자립할 수 있는 돈을 주며 구제에 나섰다.

농장에서는 직접 유기농 작물을 재배하고, 공장에서는 그 작물을 가지고 참기름이나 과일잼 등 친환경 식품 등을 개발했다. 환경을 지키고 이윤도 추구하는 일거양득의 경영방침을 따르는 것이다. 이를 위해 관리자와 노동자에게 제반 교육도 함께 병행해야 했다. 돈이 없어 치료받기 어려운 시민들에게

 는 매주 토요일마다 수지침 봉사활동을 통해 그들의 친구가 되어 주었다. 병원에 갈 엄두조차 내지 못하는 가난한 이들에게 수지침은 유일한 안식처이자 대화의 창구가 되는 셈이다.

"수지침으로 현지인들을 만나는 게 얼마나 좋은지 몰라요. 간단한 병은 응급처치 하기에도 좋고, 위험 가능성도 없지요. 무엇보다 치료 시간이 길어 현지인과 접촉을 하고 이야기 할 시간이 많아 환자와의 관계가 무척 좋아져요. 원래 수지침은 약을 먹지 않을 경우 잘 드는데 우리나라 사람들은 몸에 조금만 이상이 생겨도 내성으로 이기려 하지 않고 약을 많이 먹으니 잘 안 듣는 경우가 많거든요. 이곳 사람들은 약을 거의 먹지 않기 때문에 효과를 많이 봐요. 한 번 치료 받으면 그 다음엔 꼭 단골이 되더라니까요. 사람들과 만나 대화하면서 건강까지 봐 주니 무척 좋아하지요."

토요일 오후, 시내 중심가 성당에는 수녀님의 손길을 기다리는 사람들의 줄이 끊이질 않는다. 대부분 하층민의 삶을 사는 남루한 인생들이지만 가끔 신부님이나 지체 높으신 양반들도 다녀간다 한다. 치료 앞에선 모두가 평등한 연약한 인간의 몸이다.

잠시 성당을 나와 테우안테펙 시내를 구경했다. 후덥지근한 열기가 가슴을 답답하게 만든다. 이런 내 마음을 간파한 듯 안나 수녀님은 봉사가 끝나자 바쁜 일정 중에 틈을 내 차로 40여 분 걸리는 살리나 크루즈Salina Cruz에 가서 식사 겸 바다 구경을 권유했다.

소형차를 직접 운전하고 가는 길에 수녀가 된 이유와 과정을 잠시나마 들을 수 있었다. 자신의 인생을 주님 앞에 헌신하기로 작정한 후 아무도 관심 가지지 않는 먼 땅에서 그분의 이웃사랑 메시지를 실천해야겠다는 사모함이 들었다고 한다.

해안 도시에 가서 식사를 하고 시원하게 드라이브를 하니 하루해가 저물어 가고 있었다. 수녀님은 머무는 동안 찢어진 패니어 수선과 여러 편의를 봐 주셨다. 우연한 만남의 인연에게 과분한 대접이었다. 덕분에 이틀간 푹 쉬고 헤어지던 날, 수녀님은 자비로운 미소와 함께 내게 편지를 전해 주셨다. '주님의 은혜로 여행 잘 마치기를, 이 모험을 통해 더 큰 성장이 있기를 바란다' 라는 내용이었다. 그리고 마야문명을 보러 유카탄 반도로 가야 하는 내게 팔렝케 행 티켓을 쥐어주셨다. 그중에서도 젊은 청년의 미래와 소망과 평안을 위해 그 자리에서 기도해 주신 것이 가장 나를 따뜻하게 해 주었다.

누군가에게 축복을 받는다는 것은 참 마음이 부요해지는 일이다. 나를 사랑하고, 인정하고, 이해한다는 의미이기 때문이다. 코가 찡해지고, 이 순간 웃어야 할지 울어야 할지 감정 조절이 되지 않은 채 고개를 숙였다.

진정한 신앙인을 마주하자니 마음속에서 감격이 일어났다. 이에 반해 비록 종교는 다르지만 순수함을 잃어버린 나를 보니 스스로를 채찍질하게 된다. 요즘은 자신을 장렬히 희생해 가며 진리를 전파하고 정의를 실천하는 이를 찾아보기가 쉽지 않다. 그보다 썩을 대로 썩은 일부 종교 단체가 기복신앙의

누더기를 걸친 채 권력과 명예와 물질로 자신의 사리사욕을 채우는 모습에 진리를 보고자 하는 나 같은 중생의 가슴은 찢어진다. 신을 만나고자 하는 이들의 눈을 가리고, 입을 막음이 어찌나 혐오스러운지 그저 마음만 아파올 뿐이다. 그 누구보다 가장 순수해야 할 집단에서 말이다.

그래서일까. 인사를 하고 몇 발짝 더 멀어진 수녀님의 뒷모습에 헤어짐이 섭섭하기만 하다. 그렇게 수녀님과 작별을 나눈 밤, 나는 어느 가스펠 가사처럼 축복의 통로가 되는 삶을 소망했다. 누군가에게 높이 솟은 산이 되기보다 오름직한 동산이 되기를 또한 다짐했다. 누구보다 더 많이 사랑하고, 누구보다 더 많이 다른 이들을 축복해 주는 인생이 되길, 뭐 아직은 철없는 애늙은이지만 말이다.

버스가 출발하고 고마운 수녀님을 생각하다 나는 버스 안이 왜 이리 건조하냐며 침침해진 안경을 벗었다 썼다를 반복했다. 🚲

●●●

가난하다고 해서 왜 춤을 모르겠는가?

메리다Merida의 새벽을 여는 새소리가 귀를 간질인다. 사파이어 빛을 훔쳐다 빠트린 양 푸른 대서양의 품으로 곧게 뻗은 도로는 청명한 하늘 아래 정글의 푸른 기운까지 끌고 간다. 멕시코 최고의 휴양도시인 칸쿤으로 가기까지

나는 이 정글 도로를 수백 킬로미터는 달려야 한다.

아침은 2kg짜리 파파야, 점심은 바나나 한 손으로 속을 달래 본다. 배는 고프지, 영양에 맛까지 고려하려면 한정된 경비에 선택할 수 있는 음식의 범위는 줄어든다. 헌데 치명적 실수를 범했다. 빈속에 파파야는 최악의 독약이다. 속쓰림과 위산과다분비의 여파로 신물이 넘어온다. 가뜩이나 장이 약해질 대로 약해진 상태에서 먹은 바나나는 설사 촉진제로 둔갑한다. 요상한 얘기지만 멕시코 들어오면서부터 바나나는 100% 폭풍설사의 공식이 되어 버렸다.

새벽부터 저녁까지 무념무상의 상태에서 도로를 달리는 것도 자전거 여행에서 느끼는 매력이다. 먹고, 싸고, 달리는 단순한 삶 속에 숨겨진 굉장한 철학! '먹어라, 꿀을 맛보게 될 것이다! 싸라, 꿈을 맛보게 될 것이다! 달려라, 끝을 맛보게 될 것이다!' 그렇게 반복하다 어느 순간 내가 꿈꾸던 파라다이스에 도착한다면? 싼티 나는 먹고, 싸고, 달리는 과정이 얼마나 고상했는지 그 감격에 그만 흠뻑 젖어들 것이다.

길따라 녹음에 빠져드는 풍경은 예상대로였다. 비루함을 넘어서는 절대빈곤의 흔적은 아무리 정글로 가리려 해도 가려지지 않는 아픔이 보인다. 비바람에 언제 쓰러질지 모르는 집들의 내부는 더욱 위태로웠다. 사람의 사생활은 집 안으로 자유로이 드나드는 가축들로 인해 전혀 보호받지 못한다. 먹고 자는 독립된 공간의 부재는 병균까지 함께 나눠야 하는 공동체의 숙명까지 떠안는다.

하라나 댄스의 포인트는 바로 흰 신발

바깥에 설치되어 있는 부엌 살림살이를 보면 식사나 제대로 챙기고 있는지 걱정부터 밀려든다. 해먹과 해진 옷가지 몇 개를 제외하면 텅 빈 집 안의 썰렁함이 이들의 마음까지 차갑게 만들지는 않을는지. 해먹 아래를 지나는 닭을 보며 생각한다.

'잡혀 먹지 않으려면 부지런히 알을 낳으렴.'

정글의 원주민들은 매일 조지 오웰의 '동물농장'을 라이브로 체험하리라.

주행거리 100km가 넘어서고, 정글의 겨울 햇살이 뺨 위로 내려앉았다. 나뭇가지를 가득 실은 어느 가난한 모자의 힘겨운 리어카를 스쳐 지나가는 길에 카세트에서 흘러나온 음악이 들려왔다. 냉큼 그 소리를 따라 걸음을 옮겼다. 작은 문을 지나 들어간 건물 마당에서 울리는 시끌벅적한 구두 굽 소리와 웃음소리가 작은 마을의 감정을 풍요롭게 채색하고 있었다.

하라나Jarana 댄스. 이 지역에서 즐겨 추는 춤이란다. 마치 포크댄스마냥, 때론 탭댄스를 흉내내듯 여느 남미 댄스와는 달리 스카프와 발놀림 위주로 흥을 내는 춤이다. 발레를 추듯 사뿐히 움직이는 발과 그림을 그리듯 곡선미를 살린 손동작, 그리고 파트너십을 이루는 몸동작이 어우러져 이곳만의 독특한 춤을 만들어낸다.

스페인 북부, 아라곤에서 예로부터 전해 내려오는 구애춤에서 비롯되었는데 풍자, 사랑, 믿음 등을 주제로 한 '코플라'라는 즉흥시로 불린다. 특히 발을

돋보이게 하기 위한 춤답게 신발은 모두 흰색으로 통일되어 있다. 우선 한껏 우러나오는 맵시와, 춤에 있어서 전통적으로 하얀색에 대한 호의 때문에 그렇게 한다고 한다. 주로 아이들에게 해당되는 것이다.

휴식도 취할 겸 한쪽 구석에서 고개를 끄덕이며 춤을 구경하고 있자니 연습을 마친 아이들이 시끄럽게 떠들어 댄다. 쑥스러운 듯 내게 손짓하며 같이 춤춰 보잔 얘기다. 아직 내 동급최강 몸치 행각을 모르는 투다. 소싯적 껌 좀 씹던 시절 춤이나 배워 둘 걸 하는 후회는 이럴 때 밀려온다. 어떻게 해도 춤으로는 어울릴 수 없는 내가 마음을 같이 나눌 수 있는 건 진심어린 박수뿐이다.

그렇다. 가난한 이들이었지만 잠시나마 웃음을 보일 수 있었던 것. 가지지 못하는 것 때문에 고민하는 것이 아니라 가지고 있는 것을 최대한 즐겁게 누리는 이들은 춤을 통해 비로소 정글 속의 삶에서 단출한 행복을 깨달았을 것이다. 가난하다고 해서 왜 춤을 모르겠는가? 비록 작은 몸동작 하나일지 모르지만 하라나를 통해 이들은 가난도, 미움도, 절망도 모두 잊어버린다. 정말 이보다 더 긍정적인 춤이 어디 있을까. 깜찍한 아이들의 춤에 신발도 미소도 모두 화려하게 빛이 나고 있었다.

아차! 춤에 너무 빠져 있다 보니 해가 서쪽으로 빠져드는지도 몰랐다. 급히 짐을 챙겨 달려 보지만 지구의 자전 속도를 무동력 두 바퀴로 따라잡기는 역부족이다. 결국 어둠 속으로 다이빙 한 나는 지금 정글 한가운데에 있을 뿐이고, 다음 도시까지의 거리는 절망스러울 뿐이고…….

나는 이들처럼 가난하다고 해서 여행의 묘미를 느낄 수 없는지 생각해 보았다. 대답? 지금 내가 보여주고 있는데 뭘!

치첸이사, 게으르게 구경하기

마야문명은 언제나 위대해

"자전거는 밖에다 세워 두시고, 입장료는 10달러 되겠습니다."

"자전거를 밖에다 세워 두면 위험합니다. 사무실에라도 맡기면 안 될까요?"

"그건 곤란합니다. 자전거 세워 놓을 공간이 없어요. 여기 입구 옆에다 세워 놓고 입장하시죠. 그럼, 전 이만."

멕시코가 자랑하는 또 하나의 거대 마야문명인 치첸이사Chichen Itza를 보기 위해 가벼운 발걸음으로 달려온 길이다. 하지만 푸른 상념을 깨뜨리는 무미건조한 직원의 태도와 타 유적지보다 더 비싼 입장료의 압박은 입장을 잠시 고민하게 만들었다. 비싸고, 자전거 두기에도 안전하지 않다면 미련 없이 뒤돌아서는 게 당연하다. 하지만 이번엔 그럴 수 없다. 정글 도로를 헤치고 예까지 거친 호흡으로 달려온 자전거 여행자가 관람을 포기하는 무모한 베팅은 하지 않을 거라는 걸 스스로 너무나도 잘 알고 있었다.

바로 이곳이 영국 BBC 방송이 선정한 죽기 전에 꼭 가 봐야 할 곳 13위에 랭크됐단다. 게다가 얼마 전에는 투표 방법과 선정 기준에 대한 논란의 여지를 남기긴 했지만 '新 세계 7대 불가사의'로 공표되기도 했다. 이만하면 치첸이사 유적을 결코 가벼이 넘길 수 없는 개런티다. 해서 직원 말대로 불안함 가득

팔렝케 유적

체첸이사 엘 카스티요(El castillo)

안고 자전거를 입구 바깥에 세워 놓고 티켓을 끊었다. 10달러. 이틀 치 생활비를 투자한 만큼 반드시 본전은 뽑아야겠다는 굳은 결의를 다졌다.

유적지 입구부터 각종 공예품과 직물, 기념품 등을 파는 인디오들의 노점 좌판이 줄을 이었다. 여행자들에게 물건 하나 팔겠다고 흥정을 걸어오는 표정들이 저마다 제각각이다. 코 묻은 아이와 늙은 노파가 합세해 동정을 불러일으키는 눈빛을 보내는가 하면, 곰살궂은 표정을 짓는 여인네는 서양 노인 여행자들만 주 타킷으로 삼는다. 한 젊은 친구는 제법 유창한 영어로 상품의 특별함과 구매해야 하는 이유를 열렬히 토해내는가 하면, 물건을 조막만한 손에 쥐고 내내 손님 뒤꽁무니만 쫓아오는 아이들도 있다.

정글 주위에 늘어선 상인 무리를 헤쳐 나오자 마야문명의 흔적이 노란 대지 위에 거대하게 펼쳐져 있었다. 독야청청 위풍당당하게 서 있는 피라미드. 한눈에 봐도 치첸이사의 중심으로 보이는 건축물, 마야의 코찰케아틀Quetzalcoatl 신인 쿠쿨칸Kukulcan이라고도 불리는 카스티요다.

카스티요El Castillo. 스페인 어로 성(城)이란 뜻이며 9세기 초에 완성된 거대한 건축물이다. 피라미드 자체가 마야의 달력을 나타내고 있는데 사방의 계단 91개와 정상의 1단을 더하면 총 365개의 계단이 된다.

멕시코 피라미드, 특히 마야문명이 이룩한 건축학적 기술이나 천문학적 성과는 실로 놀랄 만한 것들이다. 나는 이미 몬테 알반 등에서 마야문명의 진면

 목을 맛보지 않았던가. 봐도봐도 신기한 과학과 예술의 창조적 만남에 감탄해 마지않을 수 없다.

이 카스티요 역시 마야인의 달력을 피라미드에 쏙 투영시킨 건축학의 승리다. 바닥부터 위로 오르는 계단이 91개, 그리고 꼭대기에 하나 더. 계단의 합이 총 365. 거기에 이 신전은 9층 기단으로 구성되어 중앙계단으로 나누기 때문에 18이라는 숫자가 나오는데 이것은 1년을 18개월로 나누는 마야인의 생활과 꼭 맞는다.

그런데 그런 숫자놀음보다 나를 더 놀라게 한 것은 따로 있었다. 왠지 보기만 해도 숨이 차다 했더니 여기 경사각이 흐트러짐 없는 45도를 유지한단다. 갑자기 지난 멕시코시티에서 테오티우아칸의 어질어질했던 피라미드 등정이 생각나 아찔해진다. 다행인지 다리가 후들거릴 일은 생기지 않았다. 너무 많은 사람들이 밟고 올라간 통에 훼손이 많이 되어 지금은 유적에 오르는 것을 금지하고 있기 때문이다. 대신 카스티요의 백미라던 빨간 재규어 상과 차끄 몰 상을 보지 못하게 된 것은 불행이라고도 볼 수 있겠다.

"요거? 몬테 알반에도 있었던 거잖아?"

왠지 반갑다고나 해야 할까. 구기장Juego de Pelota을 보는 순간 나도 모르게 반가움이 앞서 촐랑촐랑 잔디 위를 뛰어버렸다. 기억한다. 공놀이라기보다 신에게 바쳐질 제물을 결정하는 중요한 빅게임으로, 신성한 종교의식에 더 가까웠던 몬테 알반의 그 귓전을 때리는 함성 소리를.

"이게 말이죠. 사실 경기장처럼 보이지만 종교 의식으로 보는 편이 더 타당하다니까요. 손을 사용하지 않고, 골을 넣어야 하는 경기죠. 가만 있자, 여기선 어디다 넣어야 되나?"

"가이드가 저 벽에 설치된 동그란 골문으로 넣어야 한다는 군요."

"그런가요? 아무튼 그거 알아요? 중요한 건 이 경기에서 지면 그걸로 끝. 제물로 바쳐진다는군요. 후, 정말 끔찍하죠."

"지금 가이드 하는 말 들었어요?"

"네?"

"이기는 팀의 캡틴이 영광스럽게 제물로 바쳐진다는데요?"

그룹 여행 온 서양 여행자들 사이에서 조곤조곤 슬쩍 아는 체를 했더니 바로 직격탄이 날아든다. 그렇다면 몬테 알반에서 귀동냥으로 들은 정보는 다 무어란 말인가. 가이드가 설명을 다 마치고 잠시 숨을 고르는 사이 재차 물어보았다. 그러나 돌아오는 답은 같았다.

"이긴 자가 제물로 바쳐진다."

'살아남는 자가 패배자, 죽는 자가 승리자? 아니? 이겨서 죽을 거면 왜 이겨? 영광이 밥 먹여 주나? 처자식 다 딸려서 죽으면 가족들은 어떻게 하지? 혹시 지면 평생 비참한 노예로 살든가 무리에서 쫓겨나는 거 아냐?'

의문이 꼬리를 물었다. 타임머신 타고 마야문명 시절로 되돌아 가 상대방 수장이 나에게 "당신! 각오는 되어 있는가?"라고 묻는다면 내 대답은 하나다.

"나보다 훨씬 능력 있고, 신에 대한 믿음도 탁월하며, 왕에게 충성스러운 당신에게 어찌 감히 대적할 수 있으리요? 세상 무엇과도 비교할 수 없는 모든 영광을 깔끔히 넘기겠소. 난 패배자요."

언뜻 이해가 가지 않지만 역시 종교로 귀결되어야 모든 의문은 논란의 여지없이 종식될 수 있을 것이다. 목숨보다 귀한 그들의 믿음은 함부로 재단될 수 없는 것이다. 여하튼 베일에 싸인 '마야문명의 마지막 진실, 경기 후 제물은 누가 되는가?' 편의 명확한 해답에 대해 내셔널 지오그래픽의 분발을 촉구한다.

슬프고도 무서운 비밀, 세노떼

사실 치첸이사의 매력은 피라미드도 구기장도 아니다. 나로서는 이미 테오티우아칸과 몬테 알반에서 봤던 장면을 데자뷰처럼 훑는다는 게 성에 차지 않았다. 치첸이사의 히든카드는 오히려 유적지에서 조금 떨어진 곳에 위치해 있다. 비의 신인 차끄가 산다고 전해 내려오는 동굴 안 웅덩이 세노떼Cenote였다.

밀림의 습윤지대인 유카탄 최대 규모의 웅덩이인 이곳은 일단 그 규모에 입을 벌리지 않을 수가 없다. 잘못해서 발이라도 삐끗한다면 메아리치는 함성을 끝으로 세상과 작별해야 할지 모른다. 특이하게도 강이 없는 지역에 지

세노떼(Cenote)

 반 함몰로 생겨난 이 웅덩이는 때문에 과거에 생명을 지켜 주는 식수로 사용되어 신성함을 불러일으켜 왔다.

그런데 한 선교사가 남긴 무서운 비밀의 기록은 이곳을 전혀 다른 이미지의 관광지로 만들어버렸다. 여기저기 떠돌아다니는 풍문과 인터넷 정보를 빌리자면 이렇다.

16세기에 마야인의 문화와 토착신앙을 경멸하면서도 선교활동을 펼치던 스페인 프란시스코 수도회 란다는 마야의 기록 문서들을 사교(邪敎) 책이라 규정하고 모두 불태워버리도록 지시했으며, 기독교를 받아들이지 않는 원주민들은 매를 때리거나 투옥시켰다. 그 일로 재판에 회부된 그는 마야인의 미개 문화를 근거로 들었고, 자신의 죄를 반박하기 위해 마야 상형문자를 해독하는 연구에 골몰하기에 이른다. 급기야 마야의 각종 문헌들을 해독하고, 인디오들의 도움으로 관습, 풍습, 역법 등 거의 모든 문화를 섭렵한 뒤 주교가 되어 다시 멕시코로 돌아왔을 땐 그는 이제 마야문명의 해설자가 된 아이러니한 상황이 연출됐다.

그런 그가 남긴 세노떼에 관한 무서운 비밀이란 바로 이 연못이 제물의식을 치르던 장소였다는 사실이다. 란다가 남긴 『유카탄 견문기』라는 문헌에 의하면 염병이 돌거나 가뭄이 닥치는 등 불안한 징후가 보일 때마다 마야인들은 신에게 희생의 제물로서 산 사람을 연못에 던지는 풍습이 있었는데 던져진 희생물은 죽지 않는다고 생각했다고 한다. 많은 제물 의식이 그렇듯 거기에는 보석과 귀중품도 함께 투척되었다고 기록되었다.

전설 같은 이 내용을 굳게 믿은 사람이 있었다. 40년 이상 유카탄 지역의 마야 유적을 조사하는 데 혈안이 되어 있던 미국 영사 톰슨이었다. 그는 무서운 용이 살고 있기에 연못에 들어가는 게 위험천만하다는 원주민들의 만류를 뿌리치고 필사의 노력 끝에 유골과 각종 장신구, 보석, 유물 등을 발굴하는 데 성공했다. 전설이 진실이 되는 순간이었다. 다만 제물의 대상이 여자였을 거란 추측이 빗나가 성인 남자나 어린이의 뼈도 나온 것은 지금도 풀리지 않는 수수께끼다.

수많은 사람이 빠져 죽은 연못이 지금도 고요하게 서슬 퍼런 입을 벌리고 있는 곳. 더욱이 유적지 중 전사의 신전 위에는 인간의 심장을 올려 놓은 차끄몰 Chacmool을 통해 생인(生人)학살이 자행되었을 것을 생각하니 연못과 제단의 살기어린 야만 행위에 치첸이사의 오싹한 역사가 마음을 움츠러들게 만든다.

화려한 마야문명의 꽃을 피웠던 치첸이사의 모든 유적에 의미가 없는 것은 아니지만 메인 피라미드인 카스티요와 종교의식으로 목숨을 건 공놀이를 행했던 대형 구기장, 그리고 억지 심청을 만들어 냈던 공포의 세노떼가 핵심인 것만은 분명하다. 보면 볼수록, 알면 알수록 신기한 문명과 역사, 과학과 예술, 거기에 입맛에 맞게 꾸며진 전설이 어우러지는 마야문명의 유적들. 그런 신비한 곳이 있는 한 나는 자전거를 타고 계속 달려갈 것이다. 사람이든 자연이든 유적지든, 더 멋진 만남을 위하여! 🚲

혼자 여행하면 바보 되는 유카탄

솔로남 좌절시키는 여인들의 섬의 매력

햇살 따사로운 날, 책이나 읽고, 야구 사이트 들락날락거리고, 늘어지게 하품 한 번 하고, 배고프면 냉장고에서 아무거나 꺼내 먹는 여행의 휴식 로망을 만끽하고 있는 내게 걷잡을 수 없는 행운이 밀려들었다. 한낱 천한 자전거 여행자에게 멕시코 현지 변호사가 손을 내밀 줄이야.

"여인들의 섬Isla Mujueres에 가지 않을래?"

"제가 지금 여기까지 자전거로 달려오느라 피곤도 하고, 오늘은 지인들에게 메일도 보낼 겸 인터넷 좀 해야 하고, 여행기 정리도 해야 하고, 빨래할 것도 많고, 에 또……복잡하긴 한데, 사실 그깟 게 무슨 대수겠습니까? 당장 가시죠!"

복 터졌다. 100년 전 이 땅으로 이민 온 한인 후손 에네켄Henequen 집에 머무르고 있는 와중에 그분의 친척이 와서 내게 세계 최고의 휴양지 동행을 제의한 것이다. 하긴 한창 에너지를 과다 분출해야 할 시기에 새까맣게 탄 얼굴로 퍼져 있는 청춘이 안쓰럽기도 했겠다. 세계에서 가장 많은 여행자가 찾는다는 국제휴양도시 칸쿤Cancun이라면 고민도 사치다.

그래서 결코 놓쳐서는 안 될 기회, 번갯불에 콩 구워먹듯 재빨리 외출 준비를 했다. 카르페 디엠Carpe Diem, 순간을 즐기자! 넘실거리는 파도가 나를 부른다. 샤방샤방, 낭랑 18세의 청초한 눈빛마냥 내 가슴을 세차게 흔들어 놓는 카

역사와 휴양을 동시에 갖춘 매력적인 여행지 툴룸 피라미드.
투명한 사파이어 빛으로 물든 대서양을 절벽에서 바라보는 것만큼 가슴 벅찬 일은 없을 것이다.

리브 해의 순전한 자태는 너무도 아름답다. 바닷가 촌놈 향수 달래 줄 구수한 개펄의 냄새는 아니었지만 그래도 투명한 푸른 향기가 눈에 한가득 잡혔다.

이슬라 무헤레스는 칸쿤에서 페리로 약 20분 정도 떨어진 섬이다. 사실 많은 사람들이 칸쿤만 생각하고 오는데 칸쿤은 이미 전망 좋은 자리에 호텔이 빽빽하게 들어서 있어 그 깊고 그윽한 카리브 해의 풍광을 잃어버린 지 오래다. 더구나 해변의 소유권마저 호텔들이 사 버린지라 바다 한 번 보려거든 호텔에서 하룻밤을 지내든지 식사를 하든지 비싼 대가를 치러야 한다. 자본주의의 슬픈 자화상이다.

반면 이슬라 무헤레스는 아직 천연 그대로의 감동을 지니고 있다. 산호초의 날개가 펼쳐진 바닷속은 어쩜 이리도 고운 빛깔을 머금을 수 있는지 새삼 놀라울 따름이다. 스노스쿨링을 하면 꼭 인어공주를 만날 것만 같다. 뱃사공이 되어 노를 저으면 신선놀음이 될 것 같다. 콜라 한 잔 시키고 비치 의자에 누워 있으면 베벌리힐즈 동네가 부럽지 않다. 환상을 심어 주는 곳, 여기가 여인들의 섬이다.

여인들의 섬은 여인들이 많아서 붙여진 이름이 아니다. 1517년, 프란시스코

에르난데스란 사람이 이 섬에 들어왔을 때 익스첼Ix Chel이라는 작은 마야 여인 조각상들을 발견한 것이 이름의 유래가 되었다.

8km의 비교적 짧은 길이의 섬 전체를 둘러보는 데는 반나절이면 족하다. 자전거를 타거나 이곳만의 특화된 골프 캐디카를 타고 직접 몰고 다니면서 소소한 마야문명을 둘러보는 것도 섬을 여행하는 하나의 좋은 방법이다. 열정을 쏟아내고 싶은 밤이 되면 세계 각국에서 온 여행자들이 모여드는 댄스클럽에 가서 몸을 흔들고, 모든 것을 잊어버리고 싶으면 어디서나 테킬라 한잔 주문하고, 섬이 지겨워질 때쯤엔 배 타고 낚시를 나가는 것으로 휴식을 즐기면 된다. 이렇게 마음껏 카리브 해의 하늘과 바람과 파도를 몸으로 읽어가며 시간을 잊으면 된다.

이 섬의 가장 하이라이트는 바로 꼬꼬 비치Playa Coco에서의 시간들이다. 지구상에서 가장 아름다운 해변 중 하나가 펼쳐진 이곳은 특이하게도 'ㄱ'자 형태의 겹파도를 볼 수 있다. 이곳은 열 길 물속이 다 비칠 정도로 투명한 옥빛을 자랑한다. 적당히 높은 파도와 살랑거리는 바람에 물에 뛰어들지 않는 사람 없고, 태양은 남정네나 여인네의 건강한 피부 관리를 위한 선텐 욕구를 자극하며 슬며시 섹시함을 부추긴다. 이럴 때 난 보고도 못 본 척, 외로워도 쿨한 척 바다에 발만 담갔다가 이내 홀연히 저쪽 해변으로 황망히 사라진다.

하지만 보드라운 모래가 살갗을 간질이는 해변에 홀로 거닌다는 것이 실수였다. 이것은 실로 자기 학대나 다름없다. 그곳에서조차 모두가 쌍쌍이다. 신

ISL
CENTRO
ACUARIOS
SAC BAJO
PLAYA

MUJERES
garraf

은 서로 사랑하라고 남자를 창조하고 갈비뼈로 여자를 만들어 주셨건만 나에게는 고독을 선택할 권리만 주셨나 보다. 여기까지 온 이상 '나 잡아 봐라~' 드라마라도 한 편 찍어야 하는데 심각하게 우울해진다. 상대적 박탈감을 통해 현자들이 말했던 인생무상의 진정한 의미를 곱씹는다. 여기저기 어디를 봐도 다들 행복해 보이는 연인들뿐이다. 이래서 아름다운 곳은 가장 슬픈 곳이 된다. 솔로남, 이러다 마음의 병만 얻고 돌아가는 건 아닌지 모르겠다.

같이 온 변호사는 나를 달랠 수가 없었다. 업무 차 왔기 때문에 나 혼자만의 자유 시간을 얻은 것이다. 외로워서였을까. 섬에 머문 시간이 참 길었다. 어느덧 이슬라 무헤레스에 밤이 찾아오고 있었다. 늘씬한 미녀를 보며 생각했다. 나중에 내 와이프 여신님이랑 꼭 다시 와 진정한 닭살커플의 만행을 보여 줘야겠다고. 그러다 몸짱 미남을 보며 또 생각했다. 아니다, 내 색시랑은 절대 이곳에 와서는 안 되겠다고. 절대 알게 해서도 안 되겠다고. 배 나온 솔로남의 비애다.

외로움을 느끼는 약한 남자보다 고독을 선택한 강한 남자에게만 시간을 잊은 환상적인 매력으로 다가오는 곳. 이렇게 좋은 곳을 왜 혼자만 온 거냐며 스스로 물어 보지만, 혼자였기에 온몸으로 감동을 느낄 수 있었던 여인네들의 섬이 또다시 한 장의 추억으로 남게 된다. 🚲

● ● ●

피라미드 구경 온 난, 비키니에 눈이 갈 뿐이고

'어라, 여긴 피라미든데?'

여행에는 치명적인 저주 받은 센스를 장착한 나였지만 유적지 개장 시간에 맞춰 줄 서 있는 여행자들의 패션이 아무래도 수상했다. 내가 서 있는 여긴 분명 마야문명의 역사가 흐르는 유적지다. 의심할 여지없이 주위 사람들의 외양에서는 여행자의 아우라가 팍팍 느껴졌다.

그런데 배낭 멘 사람들은 거의 없고, 동네 마실이나 나가는 아낙네들 마냥 한 손에 가벼운 가방만 들고 있을 뿐이다. 심지어 몇몇 남정네와 꼬마들은 도무지 마야 역사를 관조하러 온 진중한 맛이 없는 옷차림이었다. 아예 빤쓰 바람이다. 여자들 앞에서 아무 생각 없는 것처럼 실실거리는 남자들이 눈엣가

 시다. ‘부끄러운 줄 알아야지!’ 하지만 오히려 당당한 그들의 시선이 나를 주눅 들게 만든다.

‘그럼 팬티 입고 오지 당신처럼 자전거 져지 입고 오나요?’

아이, 낯 뜨거워라. 세계 유일의 바닷가에 위치한 툴룸Tulum 피라미드. 해변에 성이 위치한 곳은 많이 봤다. 정글이나 사막에 피라미드가 세워져 있는 것도 많이 봤다. 그런데 바닷가에 피라미드가 버젓이 세워져 있는 건 처음이었다. 나는 몰랐다. 정녕 몰랐다. 이곳이 유적지인지 휴양지인지 헷갈릴 정도로 눈부시도록 빼어난 경관을 자랑한다는 사실을. 아니 마치 소설 속에나 나올 법한 마법의 사원을 끼고 도는 환상적인 바닷가라는 사실을. 그래서 여행자들이 이 에메랄드 빛 파도에 몸을 싣기 위해 수영복을 가져온다는 사실을!

매표소 뒤로 조용히 갔다. 관리 직원을 향해 배시시 웃었다. 급하게 옷 좀 갈아입을 테니 사정 봐 달란 소리다. 져지는 이 무리에서는 정말 몹쓸 패션이었다. 감사하게도 직원의 무관심 속에 일을 치르고 나자 세상이 달라보였다. 꽉 끼는 져지를 벗어던지고 반바지 차림으로 변신한 나 역시 해변으로 뛰어들어 갈 암묵적 동의를 얻어낸 것이다. 그제야 신나는 기분으로 폴짝폴짝 유적지 사이를 가뿐히 헤쳐 나갔다.

후기 마야문명지인 툴룸 유적지는 그리 화려하지 않다. 마야 언어로 벽이라는 뜻의 이곳은 A.D. 1200년경에 상업으로 번성했던 항구도시였다고 한다. 군사적으로는 지리학적 위치에 따라 감시기능을 담당했고, 카리브 해를 오고

가는 뱃사람들의 이정표 역할을 하기도 했다. 탁 트인 공간에 세찬 바람을 안고 서 있는 유적지들은 작고 낮게 형성되었으며, 식물군들 역시 줄기가 심하게 휘어져 있어 마치 허리케인 후 폐허가 된 이미지가 연출된다.

멕시코에 들어오면서 숱하게 관람한 피라미드는 이제 이골이 났다. 그간 피라미드는 유적 자체 내에 부여된 역사와 문명의 흔적들을 토대로 그 정신을 음미하는 매력이 있었다. 따져보면 학자풍 관람이 요구되었던 것이다. 하지만 툴룸은 전혀 다른 시각으로 접근하기를 유도한다. 그리고 새로운 시도를 재촉했다.

깎아지른 툴룸의 절벽 끝에서 장엄하게 내리는 일몰을 바라보며 카리브 해의 바람을 맞는 대자연의 풍경이 예상 되는가? 발 앞에 아찔하게 내려다보이는 남빛 바다 사이로 격하게 밀려드는 흰 포말을 보며 한 마리 돌고래가 되어보는 상상은 감히 아무 곳에서나 피어오르지 않는다. 바다와 피라미드의 환상적인 만남을 통해 얻은 섬광처럼 스치는 예지는 나를 단숨에 단조로운 여행의 껍질을 깬 몽상가로 만들어 버린다.

유적지 관람을 잽싸게 끝내고 해변으로 내려왔다. 가파른 계단을 사이로 두 세상이 만나는 조화가 참으로 기기묘묘하다. 걸음을 내딛을 때마다 보드라운 모래가 발가락 사이를 헤집고, 밀려오는 파도에 감쪽같이 다시 쓸려간다. 이미 수영복 차림이었던 사람들은 잘 차려진 밥상에 수저 하나 더 놓은 듯 그저 파도에 몸을 맡긴다. 난 지겨울 만큼 한가로운 풍경을 병풍 삼아 게으른

하품을 하며 연신 사진기 셔터를 눌러댔다. 그리고 개장 시간이 꽤 흐른 후 뒤늦게 들어온 한 무리의 사람들…….

유럽 여행자들이었다. 조금 더 사실을 추가하자면 여자들이었다. 한꺼풀 더 솔직해지자면 여기저기 다들 비키니 차림이었다. 맹세코 난 처음에는 피라미드를 구경하러 왔을 뿐이었다. 하지만 눈은 벌써 그녀들을 향해 있고, 방금 전까지 예찬했던 툴룸의 아름다움은 이미 포맷된 지 오래고, 그녀들은 내 카메라 앞에서 자신 있는 포즈를 취하고 있고…….

정말 여행을 즐기러 온 부류였다. 고상한 유적지 관람 레시피를 따르듯 점잖게 행동한 내 앞에서 그녀들의 파도타기는 너무나 솔직하면서도 제대로 된 100% 툴룸 유적지 체험법이었다. 아이들도, 남자들도, 다른 무리들도 마찬가지였다. 경직되어 있으며 바다에 뛰어들어가지 않은 사람은 오로지 나 혼자뿐이었다.

이 순간 자아를 잃어버린 난 비참해진다. 무엇이 나를 자유롭지 못한 채 마음만 불타오르도록 구속시키는 것일까? 왜 작고 낯선 한 청년은 있는 모습 그대로 흐름을 타지 못하고, 대사의 법술에 갇혀 버린 손오공처럼 옴짝달싹하지 못하는 건가? 선비시대 피를 이어받은 태생적 한계일까, 활달한 척하면서도 나름 내성적인 원래 성격 때문일까?

섹시한 비키니 차림의 여자들과 어울려 놀고 싶다는 그런 유치한 생각이 아니라 정말 순간의 감정에 충실해 마음껏 격정적인 아드레날린을 분비하는 짜릿한 그 순간, 그 바람 같은 자유로움이 없다는 것이 자전거 여행을 하고 있다는 내겐 묵직한 부담으로 다가왔다. 나를 위로하는 건 툴룸 입구에서부터 함께 동행해 온 이탈리아계 아르헨티나 출신의 어거스틴Augustine.

"그렇게 보고 있지만 말고 자네도 뛰어들지 그래. 보는 것과 즐기는 것의 가장 큰 차이점이 뭔 줄 알아? 이 여행에서 남기는 추억의 주체냐 객체냐의

문제지. 하지만 보다 생각해 봐야 할 게 있어. 그건 능동적 움직임이 스스로를 정말 사랑하는가에 대한 바로미터가 될 수 있다는 거지. 어떤 상황에 대해 피하거나, 가만 있거나, 무시하는 것도 때론 자신을 사랑하는 한 방법이 될 수 있지만 그건 교묘하게 내면의 진실을 숨기는 가식적 사랑일 수도 있거든. 마음 가는 대로 행동하고, 주어진 것을 누려 봐. 잘못한 것이 없다면 뭐든지 두려워할 필욘 없잖아?"

"그럼, 난 나 자신을 사랑하지 못하고 있는 건가요?"

"아니, 내가 봤을 땐 뭔가 자신에 대한 본질을 억제하려는 게 느껴져. 스스로를 좀 더 사랑했으면 해. 자신을 진정 사랑하는 사람이 그만큼의 자유를 경험하지. 단, 이기적이어선 안 되겠지만 말야."

그는 조용히 내게서 멀어지더니 무릎까지 차오르는 해변을 거닐었다. 자신을 사랑하는 만큼 진정한 자유를 경험한다는 그의 말이 마음에 울렸다. 그래서였을까. 나도 조용히 신발을 벗어 바위에 올려 놓고, 그와 반대편으로 향했다. 사람들 사이를, 파도 사이를, 이 위대한 풍경 사이를 거닐었다.

툴룸 유적지는 그 빼어난 경관뿐 아니라 나를 더 사랑할 수 있는 반성의 시간을 가져다 주었다. 또한 나를 사랑하는 만큼 내 주위를 사랑해야 함은 늘 길 위에서 배워 나가고 있다. 그래서 풍성한 여행의 열매들이 맺히기를 나는 고대한다. 그 열매가 무르익을 땐 내 믿음과 소망과 사랑이 지금보다 조금 더 자라 있을 것이다. 바람이 훑은 상쾌함에 하릴 없이 오후의 망각을 즐기고 나니 어느새 비키니 입은 아가씨들은 소리 소문도 없이 사라지고, 해변은 일광욕을 즐기려는 단체 노인 여행객들로 붐비기 시작했다. 의도하진 않았지만 나도 슬슬 자리를 뜰 시간과 맞아떨어졌다.

다시 계단을 올라 절벽에서 카리브 해의 눈부신 물비늘을 보자니 뜬금없이 용기가 샘솟았다. 그 까닭도 알지 못한 채 왠지 모를 행복감으로 주먹은 불끈 쥐어져 있었다. 너무나 아름다워서였을까, 앞바퀴에 청춘을, 뒷바퀴엔 꿈을 실어 이곳까지 달려 온 사나이의 기개가 터지고 있었다. 툴룸의 아름다움에 묻혔지만 내 청춘 역시 너무나 아름답다며 스스로 격려했다. 나는 대서양 창공과 바다가 만나는 수평선을 향해 나직이 내뱉었다.

"네 꿈이 날게 해!"

나의 열정은 Passport에 찍히지 않는다

군인 막사에서 자 봤니?

아무리 장티푸스와 A형 간염 예방 접종을 하고 왔다지만 러시안 룰렛과도 같은 불규칙한 식사와 상당량의 길거리 음식 섭취, 거기에 필수불가결한 금식으로 하루 두 끼가 일상화된 자전거 여행자에게 폭풍설사란 어쩌면 당연한 건지도 모르겠다. 게다가 비까지 오니 처량해도 이렇게 처량한 신세가 없다.

주머니를 뒤져 보니 동전 몇 개만 둔박하니 쨍그랑거리고, 비 개인 후 쌀쌀한 바람은 마음까지 시리게 만든다. 마음의 안식을 줄 줄 알았던 교회에 가 보니 뚫린 벽으로 새는 공기가 무척 춥거니와 모기가 들끓는 바람에 예배당에서의 쉼조차 허락받지 못한다. 혹시나 하룻밤 몸 누일 만한 곳이 있나 광장 주변 숙소를 돌아보았다. 지역 관광지 정도의 규모인 작은 마을에서 초라한 나그네에게 뜻하지 않은 행운이 찾아오기만을 바랐다.

"하룻밤 숙박하는 데 얼마인가요?"

"300페소(39,000원)입니다."

무뚝뚝한 여주인의 말에 주머니에 들어간 손이 떨려 왔다. 착잡한 심정을 애써 억눌렀다. 다시 온화한 표정으로 힘주며 질문했다.

"혹시 여기보다 더 저렴한 곳은 없을까요?"

"서너 블록 정도 떨어진 곳에 모텔이 몇 개 있으니 그리로 가 보시죠."

고맙다는 짧은 말을 남긴 채 무거운 걸음을 옮겼다. 희미한 가로등 아래 비포장 흙길을 조금 따라가다 보니 반갑게도 몇 개의 숙소가 보였다. 그중 그물 침대에 누워 맥주 한 병을 쥐고 여유를 만끽하는 중년 남자에게 물었다.

"실례합니다만, 이곳에서 하루 묵는 데 얼마인가요?"

"두 명이서 자는 도미토리가 있는데 200페소(26,000원)이에요."

"아, 그렇군요."

"이 마을에선 가장 저렴한 가격이에요. 어때요? 방을 보여 드릴까요?"

"아뇨, 괜찮습니다. 감사합니다."

남자의 호의마저 거절해야 하는 좌절감. 하루 5불로 살아가는 내겐 하늘 높은 줄 모르는 가격이었다. 광장으로 가자니 그렇지 않아도 작은 마을, 자꾸 부딪히는 사람들 시선이 불편해 뒤편 해변으로 돌아나갔다. 트인 공간에 남겨진 벤치에 힘없이 앉고 보니 머리 하나 둘 곳 없는 고단함에 짙은 한숨만 토해 낸다. 누구에게 화낼 상황도, 스스로를 책망할 이유도 아니었다.

하릴없이 앉아 있자니 배가 고파 왔다. 오늘도 아침은 건너뛰고, 낮에는 도로변 허름한 가게에 들어가 닭튀김으로 때운 것이 전부다. 모질다고 생각하면서도 이것이 나에게 주어진 길이라 생각해야 했다. 무슨 거창하고 거룩한 일을 하는 것도 아닌 그저 자전거 여행을 하는 주제에 말이다. 말도 안 되는 얘기지만 메뚜기와 석청만 먹고 다녔다는 성서 속의 세례 요한에 감정이입을 하고 다니니 그런대로 견딜 만도 했다.

타말레스(Tamales)

저벅거리며 해안가 남루한 음식점에 들어갔다. 가족 단위로 온 여행객들은 푸짐한 저녁 식탁에 분위기 띄워 줄 한잔 맥주로 이 밤을 얘기하고 있었다. 구석으로 몸을 밀어 넣은 나는 주인장이 가져다 준 메뉴판을 보고 짐짓 웃어 보였다. 그리곤 나직이 말했다.

"타말레스Tamales 하나만 주실 수 있나요?"

내 마음을 알아챈 걸까. 조용히 주방으로 돌아간 주인장은 얼마 후 접시에 하나뿐인 타말레스를 차려 왔다. 옥수수 반죽 안에 다진 고기와 야채를 넣어 옥수수 잎에 싸서 삶아 만든 타말레스 한 입 먹으니 그제야 생의 기쁨이 물밀듯 들어왔다. 한 입 거리나 될까 한 것에 나이프와 포크가 준비되어진 게 사치스럽게 느껴진다. 게눈 감추듯 접시를 비우고 나니 입맛만 쩝쩝 다시는 게 영 아쉽기만 하다. 하지만 과감한 절제가 필요한 시점이었다. 가장 늦게 들어와 가장 빨리 자리를 비운 한 초라한 자전거 여행자에게 아무도 관심을 가져 주

모험 없는 삶이란, 삶을 버리는 모험

지 않은 게 더 감사한 순간이다.

다시 아까 그 벤치로 돌아왔다. 밤은 더욱더 깊고 적막해졌다. 오늘밤을 또 어디서 지내야 할지 걱정이 쌓여가고 있었다. 그때 담벼락 너머로 낯선 목소리가 들려왔다. 직감적으로 구원의 손길이 임했다는 걸 알 수 있었다. 가는 눈으로 형상을 살펴보니 군인이다. 그리고 담벼락이라고 봤던 곳은 부대 초소였다. 군복을 입은 젊은 친구는 흥미와 걱정이 동시에 섞인 투로 내 안부를 물어왔다.

"아까부터 지켜보고 있었는데, 왜 여기에 있는 거야?"

"잘 만한 곳이 없지 뭐야. 해변에 텐트치고 자기에도 위험하고, 그렇다고 싼 숙소가 있는 것도 아니고, 경찰서는 아예 도미토리가 없더라고. 혹시……."

"응?"

"아니야. 혹시 거기에 빈 공간 있으면 텐트라도 칠까 싶었지. 아무래도 안전하니."

"그렇군. 유감스럽지만 여긴 군부대라 그렇게는 안 될 것 같아. 잠깐만 기다려 봐."

그가 사라졌다. 몇 분 후 그는 상관으로 보이는 다른 군인과 나타났다. 자초지종을 전해들은 상관이 내게 간단한 몇 가지를 물어보더니 부대 안으로 들어오란다. 흠칫 놀란 나는 정말로 들어가도 되냐고 물었다. 그는 문제없으니 어서 들어오라고 웃으며 재촉했다.

 작은 마을 해안에 주둔한 이곳은 조그만 소부대였다. 부대원들은 전혀 낯선 이의 등장에 재미있어 하면서도 나에 관한 설명을 듣고서는 경계심을 풀고 호기심을 가동시켰다. 이런 분위기에선 늘 잠자기 전까지 문답대화가 일상이다.

내게는 초소 쪽에 빈 침대 하나가 주어졌다. 바퀴벌레가 벽을 기어 타는 걸로 보아 그다지 깨끗하지도 않고, 침대와 거울, 그리고 화장실뿐인 무척이나 허름한 공간이었지만 혼자만 독립적으로 쓸 수 있다는 건 봐 줄 만했다. 군인들과 짧은 대화를 마치고 양치와 간단한 세면을 하고 나자 극심한 피로가 몰려왔다. 푹 꺼진 얼룩진 매트리스 하나 두고는 침대라고 말하지만 늘 그렇듯 비와 추위를 피할 수 있는 것이 얼마나 감사한지 모른다. 게다가 민간인과 외국인 신분이라는 이중 핸디캡에도 불구하고 군인 막사에서 잔다는 것은 정말 행운이다.

털썩 침대에 누워 생각했다. 얼마나 애처로워 보였으면 군인 막사에 다 재울 생각을 했을까. 그러면서 경직되어 있고, 권위적일 것 같은 군인이 베푼 친절을 그려보니 살짝 입꼬리가 올라갔다. 정말 어디에서도 감히 시도조차 할 수 없는 특별한 경험이다. 푸에르토 모롤로스Puerto morolos 밤바다 소리가 행복하게 귓전을 때렸다. 그리고 심야 불청객인 모기도 그 소리에 편승해 귓전에서 왱왱 날개를 비벼댔다. 나, 군인 막사에서도 자는 자전거 여행자다. 🚲

끝날 때까지 끝난 게 아니다

"200페소!"

"네?"

"벨리즈 넘어가려면 당연히 국경 통행료 내야지. 몰랐어?"

4개월 반 동안 멕시코 북서부에서 이곳 남동쪽까지 힘겹게 달려왔다. 마지막을 기분 좋게 마무리하려는데 난데없이 통행료를 내라는 멕시코 국경 검문소 직원의 말이었다. 여권은 이미 그에게 넘겨져 있었고, 난 외로운 섬 하나가 되어 누구에게도 도움을 청할 수 있는 상황이 되지 못했다. 통행료를 내지 않을 경우 혹시 모를 불상사가 염려됐다. 가뜩이나 험상궂게 주름진 그의 거들먹거리는 태도 때문에 지레 겁을 먹게 되었다.

난감했다. 어디에서도 통행료를 내야 한다는 정보를 얻지 못했다. 멕시코 입국할 때 6개월 체류 허가를 받으면서 국경에서 그보다 적은 금액의 돈을 낸 적이 있긴 했다. 혼란스러웠다. 직원은 내 여권을 뚫어지게 쳐다보면서 빨리 일을 처리해야 하니 어서 돈을 달라며 오른손 엄지를 중지와 검지에 비비고 있었다. 내 뒤에 아무도 없어서 그리 급할 것이 없었는데도 말이다. 장기 여행자 개코에 뭔가 비리의 냄새가 났다.

3월의 멕시코 남부는 숨이 턱턱 막힌다. 이제 곧 보게 될 벨리즈에 대한 기대로 가득 차 있던 가슴마저 답답해져 왔다. 그래도 수교국인데 뭔가 잘못된 부분이 있진 않을까 한국 여행자가 멕시코 국경을 벗어날 때 따로 지불하는 요금이 분명히 있는지 확인해 달라고 요청했다. 그는 볼 것도 없이 당연하다며 일처리를 재촉했다.

"한국 여행자 어디 한둘 보나? 다 이쪽으로 해서 벨리즈 넘어간다네."

별 수 없이 통행료를 지불하려고 지갑을 꺼내 들었다. 200페소면 근 5일치 생활비인지라 부들부들 손이 떨려왔다. 그때 버스에서 내리는 단 한 커플의 배낭 여행자를 발견했다. 강한 햇살을 받아 찌푸린 인상으로 오랜 여행에 심신이 피로해 보이는 서양인이었다. 순간 필이 꽂혔다. 왠지 모르게 실마리가 해결될 것 같은 작두 탄 느낌이었다. 반가운 마음과 혹시나 하는 기대로 창구에 양해를 구하고 그들에게로 가려고 했다. 통행료 문제를 잠깐 물어보기 위해서다. 그런데 성냥갑처럼 좁디좁은 창구에서 날 선 목소리가 들려왔다.

"어디 가는 거야? 빨리 처리해야 돼!"

"잠깐만요. 이봐요. 혹시 여기 국경 넘어갈 때 통행세 내야 하는 건가요?"

"어허, 얼른 오라니깐!"

검문소 직원의 표정과 말투는 상기되어 있었다.

"글쎄, 우리도 잘 모르겠는걸요."

그들의 대답은 김빠진 콜라처럼 시원찮았다.

"빨리 오라고!"

보채는 직원의 말투는 확실히 격앙되어 있었다. 그리고 무슨 이유에선지 여권에 도장을 꾹 박아 주며 얼른 가라는 신호를 보냈다. 어라, 그럼 통행료는?

“통행료는요? 안 내도 되나요?”

그는 대답 대신 고개도 들지 않고 연신 오른손으로 파리 내쫓듯 휘이휘이 하는 것이다. 아무래도 뒤에 서 있는 서양 여행자를 의식하는 게 확실했다. 중남미 사람들은 정보력이 뛰어나고 말이 제법 통하는 서양 여행자들에겐 정직하고 친절하면서도 상대적 입장에 놓인 동양 여행자는 얕보는 경우가 왕왕 있다. 이렇게 허무하게 난 멕시코와의 떨떠름한 이별을 했다. 머잖아 이 땅이 사무치게 그리워질 줄도 모른 채 말이다.

벨리즈로 들어가는 길에 뒤를 돌아보니 타코가 그리워지며 지난 멕시코에서의 추억이 낯설게 느껴졌다. 내가 이 길을 달려왔다는 사실조차도 역시 화석화 된 오래전 일처럼 느껴졌다. 나는 멕시코를 금방 다시 만날 줄 알았다. 금방……이라고 생각했다. 🚲

열정으로 이해하고 싶었던 여행

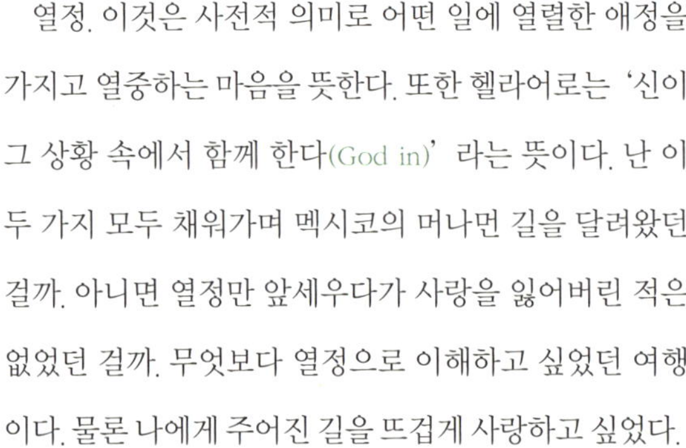

열정. 이것은 사전적 의미로 어떤 일에 열렬한 애정을 가지고 열중하는 마음을 뜻한다. 또한 헬라어로는 '신이 그 상황 속에서 함께 한다(God in)' 라는 뜻이다. 난 이 두 가지 모두 채워가며 멕시코의 머나먼 길을 달려왔던 걸까. 아니면 열정만 앞세우다가 사랑을 잃어버린 적은 없었던 걸까. 무엇보다 열정으로 이해하고 싶었던 여행이다. 물론 나에게 주어진 길을 뜨겁게 사랑하고 싶었다.

하지만 지혜롭지 못해 저지른 서툰 잘못들과 너그럽지 못해 오해한 좁은 편견에 상심한 적이 많았음을 고백한다. 그러면서도 단 하나 무엇보다 스스로를 반성하게 한 여행이란 점에서 감사하게 생각한다.

열정도 사랑도 존재가 있어야 비로소 가치를 함의할 수 있다. 멕시코 자전거 여행에서 나는 먼저 나의 존재를 발견할 수 있었다. 그 후 비로소 열정을, 사랑을 말할 수 있었다. 그래서 최고의 여행이라 감히 말하고 싶다. 그것이

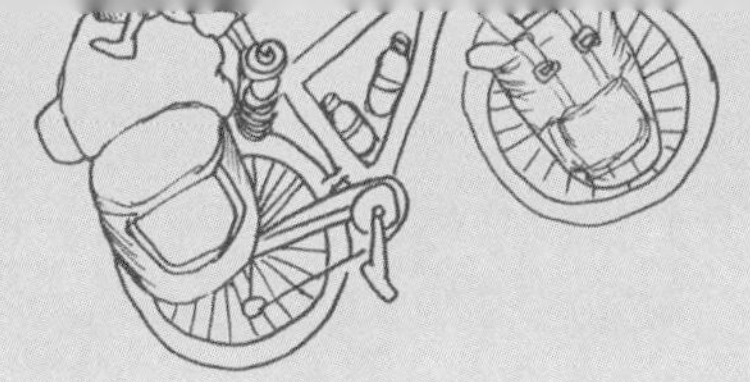

방랑이었다 할지라도. 방랑에 청춘이 붙는다면 그만큼 선한 것이 없다. 젊었을 땐 인생을 크게 보고 나가 놀아야 한다. 눈이 충혈된 채 밤새 궁상맞게 인터넷 게임이나 하지 말고 배낭 메고 자신의 길을 개척해 나가 보자. 그대의 열정이 그대의 인생을 축복할 것이다. 그대의 결심이 인생에서 가장 탁월한 선택이 될 것을 나는 격려하고 싶다.

여행을 마쳤다는 단순한 이유로 멕시코 국경에서 쾅 찍어 준 스탬프. 하지만 Passport에는 나의 열정이 찍히지 않았다. 나의 열정은 나의 심장에만 찍혀 있다. 처음 국경을 넘을 때의 두려움은 국경을 다시 벗어날 때 가눌 수 없는 진한 아쉬움으로 바뀌어 있었다. 언젠가 여행을 꿈꾸는 이들을 마주할 때 나는 고백하리라. 멕시코가 있어 진정 행복했었노라고. 멕시코에서 만난 모든 이여, 너의 인생 아름답기를, 그리고 나의 인생 아름답기를.

아듀, 멕시코. 🚲

글·사진_문종성

젊음과 열정만으로 성공할 순 없지만 젊음과 열정이 있기에 포기할 순 없다"는 신념
으로 자전거 세계 일주를 떠난 구제불능 낙천주의자.

인생의 소중한 가치와 진정한 꿈의 의미를 발견하기 위해 현재 광야를 모토로 6년
동안 85개국을 목표로 모험 길에 올라 있다. 뿐만 아니라 아프리카에서는 말라리아
예방 구호 활동인 '사마리아 프로젝트(Samaria Project)'를 진행, 오지와 빈민촌에
직접 모기장을 설치해 주고 있다.

청소년, 청년들을 상대로 '비전이 없으면 청춘이 아니다!'라는 주제로 강연을 하고
있으며, 가슴 뛰는 뜨거운 꿈을 꾸길 원하는 대한민국 미래 세대에게 성취 중심의
야망을 넘어 '나눔 중심의 가치 있는 꿈을 꿀 것'을 제안하고 있다.

저서로는 『라이딩 in 아메리카』, 『자전거 타고 쿠바여행』이 있으며 각종 시사, 여행,
기독교 잡지에 자전거 여행기와 에세이를 연재하고 있다.

3360시간 동안의 멕시코 자전거 여행

가슴이 뛰는 방향으로, 청춘로드

초판 1쇄 발행일 2011년 6월 20일

지은이 문종성
펴낸이 박영희
편집 이은혜·김미선
펴낸곳 도서출판 어문학사
132-891 서울특별시 도봉구 쌍문동 525-13
전화: 02-998-0094 / 편집부: 02-998-2267
홈페이지: www.amhbook.com
e-mail: am@amhbook.com
등록: 2004년 4월 6일 제7-276호

ISBN 978-89-6184-250-1 13980
정가 18,000원

※잘못 만들어진 책은 교환해 드립니다.

이 도서의 국립중앙도서관 출판시도서목록(CIP)은 e-CIP홈페이지(http://www.nl.go.kr/ecip)와
국가자료공동목록시스템(http://www.nl.go.kr/kolisnet)에서 이용하실 수 있습니다.
(CIP제어번호: CIP2011002322)